猫病
诊疗技术

史利军 张 辉 李英俊 主编

U0221697

化学工业出版社

·北京·

图书在版编目（CIP）数据

猫病诊疗技术/史利军，张辉，李英俊主编.—北
京：化学工业出版社，2022.1（2025.2重印）
ISBN 978-7-122-40217-2

Ⅰ.①猫… Ⅱ.①史…②张…③李… Ⅲ.①猫病-
诊疗 Ⅳ.①S858.29

中国版本图书馆 CIP 数据核字（2021）第 225921 号

责任编辑：邵桂林　　　　　　装帧设计：刘丽华
责任校对：宋　夏

出版发行：化学工业出版社
　　　　　（北京市东城区青年湖南街 13 号　邮政编码 100011）
印　　装：北京云浩印刷有限责任公司
850mm×1168mm　1/32　印张 7½　字数 180 千字
2025 年 2 月北京第 1 版第 5 次印刷

购书咨询：010-64518888　　　售后服务：010-64518899
网　　址：http://www.cip.com.cn
凡购买本书，如有缺损质量问题，本社销售中心负责调换。

定　　价：45.00 元　　　　　　　　版权所有　违者必究

编写人员名单

主　　编　史利军　张　辉　李英俊
副主编　袁维峰　孙立旦　张　迪
其他参编人员（按姓氏笔画排序）

丁虹艺　马文玥　王　勇　王田琦

王学理　王佳豪　王绍雄　王鹏杰

尹惠琼　刘　飞　刘　彤　刘　美

刘　锴　刘泽鑫　杨飞霞　李　丹

李　曼　张广智　张志慧　陈紫阳

秦　彤　崔尚金　梁丽娜　董　鹏

前言

　　中国宠物业兴起于 20 世纪 90 年代，目前，我国宠物猫犬数量位居全球第一，预计 2024 年，中国将拥有 2.48 亿只宠物，远超美国的 1.72 亿只。宠物猫养殖数量的增加带来的猫疾病防控问题日益凸显，狂犬病、弓形虫病、布鲁氏杆菌病、钩端螺旋体和跳蚤病都是常见的猫携带的疾病。同时由于管理的疏散，流浪猫的数量也在急剧增加。它们所携带的各种感染性疾病不仅会传染给宠物猫，同时也可能引起严重的公共卫生问题，应引起足够的重视。

　　为使广大猫主人、宠物医院专业和相关行业从业人员重视猫疾病的防控，掌握猫源疾病诊疗的基本知识和最新进展，有针对性地采取相关措施，故编写本书。该书从我国猫病危害的实际出发，介绍各种常见的猫病，包括内科病、外科病、产科病、传染病、寄生虫病及真菌感染性疾病。每种疾病从病因、临床特点、诊断技术、预防治疗等层面进行介绍，重点以诊疗技术为主。全书尽量做到文字简练，通俗易懂，科学实用。本书的编者来自以下单位：中国农业科学院北京畜牧兽医研究所（史利军、袁维峰、崔尚金、秦彤、张广智），华南农业大学兽医学院（张辉），北京通和立泰生物科技有限公司（李英俊、孙立旦、张迪、丁虹艺、马文玥、王田琦、王佳豪、王绍雄、王勇、王鹏杰、李丹、李曼、刘彤、刘泽鑫、陈紫阳、杨飞霞、张志慧、梁丽娜），中国疫病预防控制中心（刘美），内蒙古民族大学动物科技学院（刘锴，王学理），军事医学研究院卫生勤务与血液研究所（尹惠琼），北京大北农科技集团股份有限公司（刘飞），金河佑本生物制品有限公司（董鹏）。本书出版得到了国家重点研发计划"宠物病毒性传染病新型生物治疗制剂研究与产品创制（2016YFD0501000）"经费的资助。

由于作者水平有限，时间仓促，肯定有不足或不妥之处，恳请读者批评指正。

编　者
2021 年 11 月于北京

目 录

第一章

猫病诊疗基本操作技术

第一节　猫的保定方法

在临床工作中，为了便于诊疗疾病，确保人和动物的安全，往往需要使用人力器械甚至药物等限制动物的活动或制约其攻击行为。保定的方法有多种，通常要按照临床诊疗工作要求选择适当的保定方法。因动物对其主人有较强的依恋性，保定时若有主人配合，可使保定工作顺利进行。保定方法分为多种，可根据个体的大小、行为及诊疗目的，选择不同的保定法。保定要做到方法简单、确实、确保人及动物的安全。

一、抓猫保定法

抓猫保定即直接用手来把它保定的方法（图1-1），此方法一般适用于猫的主人，因为猫对他的主人熟悉，不易产生应激反应，而主人也一般对猫的习性十分了解，不易对猫产生伤害。猫一般对陌生人或在陌生环境下比犬类更胆怯、惊慌，所以当生人伸手接触时，猫易愤怒，此时猫耳朵一般向后伸展，同时发出嘶嘶的声音或者四肢开始抓咬，当然，这也与猫的性格有关。为了以防万一，实施保定的人应提前戴上厚革制长筒手套，对手臂起到保护作用，双手也应戴上手套。抓猫保定的一般流程为，抓住猫颈、肩、背部皮肤，皮肤不易抓得太厚，以免引起剧烈挣扎，然后提起，另一手快速抓住两后肢伸展，将其稳住，这就达到了保定的目的。但是，个别猫反应敏捷、灵活，用手套抓猫难奏效时，就要用到下面的方法了。

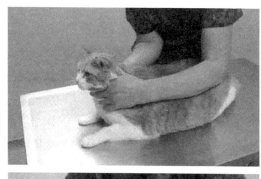

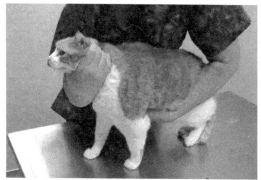

图1-1　抓猫保定法

二、侧卧保定法

侧卧保定法（图 1-2）比较简单，我们先将猫在平整台面上按倒，然后站于猫的背侧，用手抓住下方的前肢前臂部和后肢大腿部，再用两手臂分别压住它的颈部和臀部，同时将猫紧贴在我们腹部。对于脾气坏的猫，我们可以一手抓住猫颈背部皮肤，另一手抓住两后肢，让它侧卧于台面上。

图 1-2 侧卧保定法

三、项圈保定法

项圈又称伊丽莎白颈圈，是一种常用的防止自身损伤的保定装置，我们在宠物医院等场所可经常见到。猫也有和犬一样的自身损伤的不良嗜好，特别是遇到有一些神经症状或者做完手术身体上有伤口时，用项圈保定是防止猫自身损伤的最好办法（图 1-3）。项圈有圆锥形、圆盘形两种，可根据需要选购不同型号，或也可以自己做。自行制作颈圈更为方便，可用 X 射线胶片制成圆锥形项圈，这种保定方法可使猫头不能回转舔咬身体受伤部位，使身上被

图 1-3 猫项圈保定法

抓伤、碰伤的伤口尽快愈合。

第二节　临床检查的程序

为了获得真实而全面的症状资料，就必须按照一定的临床检查程序与方案进行。对于门诊动物，检查程序应如下安排：患病动物登记和现症检查。

一、患病动物登记

患病动物登记的目的是在于了解患病动物的个体特征，也为诊断疾病提供参考。主要登记动物的种属（不同类型的动物，具有对某些疾病天然的易感性或耐受性）、品种、性别、年龄、毛色等。

二、现症检查

现症检查包括一般检查、系统检查及必要的特殊检查等。

1. 整体及一般检查

主要有体格、发育、营养、精神状态、体位、姿势、运动及行为、被毛、皮肤及皮下组织、眼结膜、浅在淋巴结的检查，体温、呼吸及脉搏的测定等。

2. 系统检查

包括心血管、呼吸、消化、泌尿、神经五大系统的检查。

3. 特殊检查

在上述检查基础上，如果有必要可选择某些特殊检查，如 X 射线检查、心电图检查或化验等。有条件也可进行 CT、MRI（核磁共振检查）等。

三、体温、脉搏、呼吸数测定及可视黏膜的检查

1. 体温的测定

体温计的水银柱甩到最低刻度以下，用酒精棉球擦拭消毒并通常测直肠温度。测温时，先涂以润滑剂后，将猫尾根稍上举，将体温计缓慢地插入肛门内，体温计后端系一小夹子，把夹子固定在猫背部毛上，以防体温计脱落。经 3 分钟取出，读取度数。猫的股内侧温度略低于直肠温度，当体温升高时，用手感觉也可略知。成年猫为 38.1～39.2℃。通常早晨低、晚上高，日差约为 0.2～0.5℃。当外界炎热以及采食、运动、兴奋、紧张时，体温略有升高。直肠炎、频繁下痢或肛门松弛时，直肠测温有一定误差。

体温升高见于多数传染病、炎症及日射病和热射病等；体温降低主要见于重度衰竭、濒死期等。

2. 脉搏测定

一般在后肢股内侧的股动脉处做脉搏检查。检查时，要注意脉数、脉性和脉搏的节律。正常猫 110～240 次/分。猫剧烈运动、兴奋、恐惧、过热、妊娠等时，脉搏可一时性增多。此外，幼猫比成年猫的脉搏数多。

脉搏数增多见于各种发热性疾病、心脏疾病、贫血及疼痛等；脉搏数减少见于颅内压增高的疾病（脑积水等）、药物中毒、心脏传导阻滞、窦性心动过缓等。

3. 呼吸数测定

呼吸数测定一般根据胸腹部的起伏动作而进行，胸壁的一起一伏为一次呼吸。寒冷季节也可观察呼出气流或将手背放在鼻孔前感觉呼出的气流来测定，健康猫的呼吸数为 14～20 次/分。当猫兴奋、运动、过热时，呼吸数可明显增多。

4. 可视黏膜检查

可视黏膜包括眼结膜、鼻黏膜、口腔黏膜及阴道黏膜等。临床上主要观察眼结膜的颜色。健康动物的可视黏膜的颜色为粉红色。可视黏膜潮红，多见于急性热性病、脑炎、肺炎和心脏病；黏膜发绀（青紫），多是机体缺氧的表现，多见于肺水肿、重剧性胃肠炎及中毒病等；黏膜黄染，多见于肝病及溶血性疾病、血液寄生虫病等；黏膜苍白，多见于各种类型的贫血、失血、血孢子虫病和慢性消耗性疾病。

四、采血法

猫静脉采血部位常取头静脉、颈外静脉和外侧隐静脉。小型猫常取颈外静脉。

第三节　临床诊断技术

临床检查基本方法包括问诊、视诊、触诊、叩诊、听诊和嗅诊。方法简便、易行，对任何动物、在任何场所均可实施。

一、问诊

问诊主要是通过动物主人了解动物的发病情况，其内容包括病史和既往史以及饲养管理情况等。具体包括以下几项内容。

1. 病史

（1）了解发病时间，以推测疾病为急性或慢性，以及疾病的经过和发展变化情况等。

（2）了解动物发病的主要表现，如精神、食欲、呼吸、排粪、排尿、运动以及其他异常行为表现等，对患腹泻者应进一步了解每天腹泻次数、量、性质（是否含黏液、水样、血样、臭味等），对呕吐者应了解呕吐的量、性状、与采食后在时间上的相关性等，借以推断疾病的性质及发生部位。

（3）发病后是否治疗过、效果如何。此外，尚应了解动物的年龄、性别及品种等。

2. 既往史

以前是否患过有同样表现的疾病、其他猫是否表现相同症状、注射疫苗情况，以了解是否是旧病复发、传染病或中毒性疾病等。

3. 饲养管理情况

了解饲养管理情况如何，如食物种类以及是否突然改变，卫生消毒措施、驱虫情况等，有利于推断疾病种类。

二、视诊

视诊是通过肉眼观察和利用各种诊断器具对动物整体和病变部位进行观察。主要内容有以下几方面。

（1）让动物取自然姿势，观察其精神状态、营养状况、体格发育、姿势、运动行为等有无变化。

（2）被毛、皮肤及体表病变。

（3）可视黏膜及与外界相通的体腔黏膜有无变化。

（4）病猫的分泌物、排泄物及其他病理产物的性状、数量等。

三、触诊

触诊指通过手的感觉进行诊断。触诊时，要注意自身的安全，可在主人的配合下，一边用温和的声音呼唤动物的名字，一边用手抚拍其胸下、头部、颈部或挠痒，以给它们安全感和建立亲密关系，便于详细检查。对有攻击性的猫可适当保定。触诊主要检查体表和内脏器官的病变性状。

1. 触诊的方法

一般用单手或双手的掌指关节或指关节进行触诊。触摸深层器官时，使用指端触诊。触诊的原则是面积由大到小，用力先轻后重，顺序从浅入深，敏感部从外周开始，逐渐至中心痛点。

2. 触诊所感觉到的病变性质

主要有波动感、捏粉样、捻发音、坚实及硬固等。

（1）波动感　柔软而有弹性，指压不留痕，间歇压迫时有波动感，见于组织间有液体潴留且组织周围弹力减退时，如血肿、脓肿及淋巴外渗等。

（2）捏粉样感觉　稍柔软，指压留痕，如面团样，除去压迫后缓慢平复。见于组织间发生浆液性浸润时，多表现为浮肿或水肿。

（3）捻发音感觉　柔软稍有弹性及有气体向邻近组织流窜，同时可听到捻发音，见于组织间有气体积聚时，如皮下气肿、恶性水肿等。

（4）坚实感觉　坚实致密而有弹性，像触压肝脏一样，见于组织间发生细胞浸润或结缔组织增生时，如蜂窝织炎、肿瘤、肠套叠等。

（5）硬固感觉　组织坚硬如骨，见于异物、硬粪块等。

四、叩诊

叩诊指根据叩打动物体表所产生的声音性质来推断内部器官的病理状态。简单的叩诊方法可采用指叩诊法，即将左（右）手指紧贴于被叩击部位，另以屈曲的右（左）手的中指进行叩击。也可用槌板叩诊法。叩诊音可分为清音、浊音及鼓音等。正常肺部的叩诊音为清音，叩诊厚层肌肉的声音为浊音，叩诊胀气的腹部常为鼓音。

五、听诊

听诊指用听诊器听取体内深部器官发出的音响，推测其有无异常的方法。听诊时，由于动物的被毛与听诊器之间的摩擦音或由于外部各种杂音的影响，往往妨碍听诊。因此，听诊必须全神贯注，正确识别发音的性质，并将其病性与生理状态进行比较。听诊主要应用于了解心脏、呼吸器官、胃肠运动的机能变化以及胎音等。

六、嗅诊

嗅诊指通过嗅闻来辨别动物呼出气体、分泌物、排泄物及病理产物的气味。

第四节　临床治疗技术

正确合理的治疗，才能收到预期的良好效果。为了达到治疗目的，必须根据患病动物的特点和疾病的具体情况选择适当的治疗方法并组织实施治疗措施。每种疾病都有不同的具体疗法，但是在治疗时则都应遵循一些共同的基本原则。任何疾病，都必须明确致病原因，并且力求消除病因而采取对因治疗的方法。根据不同的致病原因、不同的病原，采取不同的疗法。

一、经口给药

1. 拌食服药法

当猫尚有食欲，能吃食时，如药物用量不大，无刺激性、无特殊气味时，可将药物直接混入食物或饮水中，让其自食自饮。为顺利给药，应将药物拌入适口性好的食物（如鲜鱼、猪肉、牛奶中），并在给药前绝食一顿。

2. 口服给药法

不管患病动物有无食欲，均可采用本法。具体方法是：将动物保定后使其头部平伸，给药者左手掌心横越鼻梁，以拇指和食指（或加中指）握住鼻梁，将上腭两侧的皮肤包住上齿列，打开口腔，再用右手持小勺（小勺内盛放药液、药末或药片）将其沿舌面送入口腔，并将药物倒在舌根部，迅速抽回小勺，将猫嘴合拢。当猫舌尖伸出牙齿之间，出现吞咽动作，或用舌舔鼻子时，说明已将药咽下。灌药时，动作要慢，要有耐心，切忌粗暴，头部不宜过高（嘴角不应高于耳部），谨防将药液或药末灌入气管或肺中，引起异物性肺炎或窒息死亡。

3. 塑料药瓶或注射器灌药法

助手将猫头固定好，给药者手持药瓶，一手将一侧口角拉开，然后用药瓶或注射器沿口角缓缓注入药液，待其咽下再灌，直至灌完。

4. 胃导管给药法

猫选用导尿胶管。打开口腔，先置入中间钻有圆孔的木棒于口腔内，胃导管通过其孔穿进，刺激咽部使其吞入食道。判断胃管是否插入食管的方法是：从胃管末端打气，颈部即出现波动；从胃管末端吸气时呈负压；动物无咳嗽表现。确定胃管已插入食管后，即可经胃管投药。

二、直肠给药

当患病猫出现严重呕吐症状，经口投的药液常随呕吐物损失浪费，故对出现呕吐症状的猫，可行直肠给药法。具体方法是：抓住猫两后肢，抬高后躯，将尾拉向一侧，用 12～18 号导尿管，经肛门向直肠内插入 3～5 厘米，再用注射器吸取药液后，经导管灌入直肠，一般情况下；猫灌入 30～45 毫升，然后拔下导管，将尾根压迫在肛门上片刻，防止努责，然后松解保定。

三、局部给药

1. 眼的局部给药

药物可分眼药水、眼药膏、结合膜下注射药和洗眼药等。眼药水滴入眼角结合膜囊内，勿使滴管与眼睛接触，一般滴入 2 滴，每隔 2 小时给药 1 次。眼药膏挤入下眼睑的边缘，4～6 小时给药 1 次。结合膜下注射药，如青霉素、醋酸可的松等，1～2 天注射一次。洗眼药则根据情况可 1 天冲洗 2～3 次。

2. 耳的局部用药

内耳禁用大量的药液或粉剂。一般常用药物有过氧化氢等。通常向耳内滴入几滴，然后用手掌轻轻按摩，以便使药物与耳道充分接触以发挥药物作用。

3. 鼻腔内给药法

常用等渗药液滴入鼻腔内，勿使滴管接触鼻腔黏膜。鼻腔内禁用油膏，因为它会损伤鼻黏膜或因不慎吸入导致类脂性肺炎。

四、注射给药

注射法是临床治疗上最常用的方法，它是用注射器将药液直接注入动物体内（组织、组织腔或血管内等）。它具有用药量小、奏效快、避免经口给药的麻烦和降低药效等优点。

1. 皮内注射

将药液注入皮内的方法，多用于诊断。如用于某些疾病的变态反应诊断或做药物过敏试验、预防接种。具体方法是：将猫保定好后，在注射部位（肩胛部或颈侧中部 1/3 处，大耳朵猫也可在耳部）剃毛，消毒后，左手拇指与食指将皮脉捏起皱褶，右手持注射器使针尖头与皮肤呈 30°角刺入皮肤内约 0.5 毫米，深达真皮层，即可注射规定量的药液。正确的注入皮内的标志是注射局部出现稍硬的豆粒大的肿块，但不久就会吸收和消失。

2. 皮下注射

将药物注射于皮下结缔组织内，经毛细血管、淋巴管吸收进入血液，发挥药效作用。一般注射后 5～10 分钟才呈现效果。凡是易溶解、无强刺激性的药品及疫苗、菌苗等，均可作皮下注射。注射时，先将猫保定好后，在注射部位（一般在肩和臂部的背面）剪毛消毒后，左手食指、中指和拇指将皮肤掐起一皱褶，右手持注射器将针头刺入皱褶处皮下，深约 1.5～2 厘米，此时如感觉针头无抵抗，且能自由活动针头时，右手稍抽动注射器内筒，在确认没有回血后，即可将药液注入。注药完毕，拔出针头，用碘酊消毒并轻轻按压注射部位。

3. 肌内注射

将药物注入肌肉的方法。由于肌肉内血管丰富，药液注入肌肉内吸收较快。此外，肌肉的感觉神经较少，故疼痛轻微。所以，一般刺激性较强和较难吸收的药液，进行血管内注射有副作用的药液，以及油剂、乳剂等多用肌内注射。注射时如前述保定、剪毛、消毒后，左手食指和拇指将注射部皮肤绷紧，右手持注射器，使针头与皮肤呈 60°角或垂直刺入。对消瘦的猫，刺入深度为 2～2.5 厘米；对肥胖的猫为 3～3.5 厘米，回抽注射器内筒，无回血时即可将药液注入肌肉内。

4. 静脉注射

将药液注入静脉内的方法。本法主要用于大量的输液、输血；以治疗为目的急需速效的药物（如急救、强心等）；注射刺激性较强的药物，或皮下、肌内不能注射的药物等。

注射部位：常有前臂皮下静脉、颈静脉、股静脉、隐静脉等。

注射方法：前臂皮下静脉注射时，猫胸俯卧保定，助手站在猫的左侧，其手放在猫颊下部控制头颈不摆动，右手越过猫背部抓住猫右前肢肘关节下方，按着该腿不动并使之伸直，拇指稍向内转，使静脉显露、怒张（也可用橡皮管扎紧），注射者左手握住前肢掌部，右手持注射器在腕关节稍上方刺入静脉，当针头感觉空虚，见有回血后，松开压迫静脉的拇指或橡皮管，即可徐徐将药液注入。

小隐静脉注射时动物侧卧保定，助手左手握住前肢并用前臂部压住猫颈部，右手握住上侧后肢膝关节上部并使后肢向后伸展，拇指用力压迫静脉上端，使其怒张。注射者左手握住下端防止活动，右手持针刺入静脉。

颈静脉注射时，应首先剪毛，助手右手握住猫的两前肢关节下部，左臂夹住腰部并用手握住两后肢，另一助手固定头部，并使其向对侧倾斜、伸直，充分暴露颈静脉沟。注射者左手拇指压于颈静脉沟的胸腔入口处，当颈静脉怒张后，右手持注射器刺入颈静脉。

猫股静脉注射时，侧卧保定，助手左手抓住猫两耳之间，右手握住猫两前肢及侧卧一上后肢，下后肢内侧静脉周围剃毛消毒，注射者左手食指和中指按压股内静脉上 1/3 处，大拇指固定注射部位，右手持针管柄或带针的 5～10 毫升玻璃注射器，呈 $10°～15°$ 角刺入静脉，见有回血后即可进行注射。

5. 气管内注射

将药液注入气管内，使之直接作用于气管黏膜的方法。临床上常将抗生素注入气管内，来治疗支气管炎和肺炎，注入驱虫剂以驱除肺丝虫，注入麻醉剂以治疗剧烈咳嗽等。

注射部位一般选择在颈部气管上 1/3 处或颈部中央处，于 4、5 气管环环间进行注射。注射时，于注射部位常规剪毛消毒后，注射者一手持注射器，另一手握住气管，垂直刺入气管内，左右缓慢摆动针头。感觉针尖周围无物时即可注射，完毕后常规消毒注射部位。

6. 心脏内注射

当患病动物心脏功能急剧衰竭、静注急救无效时，可将强心剂直接注入心脏内，以期恢复心功能。猫注射部位在左侧胸下 1/3 处，第 5～6 肋间。注射时以左手稍移动注射部位的皮肤然后压住，右手持注射器，垂直刺入心外膜，再进针 3～4 厘米可达心肌，当针头刺入心肌时，有心搏动感，注射器摆动，继续刺入针可达左心室内，此时感到阻力消失，回抽注射器内筒时回流暗赤色血液，然后徐徐注入药液。注射完毕，轻轻拔出针头，局部消毒，并稍加按压。

7. 胸膜腔内注射

也称胸腔内注射，是将药物或气体注入胸膜腔内的方法。适用于治疗胸膜的炎症或压缩肺脏，即用于排除胸膜内的渗出液、漏出液；并注入消毒药或洗涤药液（如生理盐水、吖啶黄、黄色素液等），治疗胸膜炎可注射抗生素及磺胺类药剂；气胸疗法是向胸腔注入空气以压缩肺脏。注射部位猫为右侧第 6 肋间、左侧第 7 肋间，以坐立姿势为宜，在胸外静脉直上并沿肋骨前缘刺入。刺入注射针头时，一定要注意不要损伤胸腔内脏器官，注入药液温度应与体温相同；在排出胸腔积液、注入药液或气体时，必须缓慢进行，并密切注意动物反应。

8. 腹腔注射

腹腔注射是将药液注入腹腔的一种方法。腹膜腔能容纳大量的药液，腹膜毛细血管和淋巴管多，吸收力强，药液注入腹膜腔后，经腹膜吸收进入血液循环，其药物作用的速度仅次于静脉注射。因此，对静脉注射有困难的猫，可通过腹腔输液。此外，腹膜炎及某些疾病的腹腔封闭疗法均可用本法。

注射时，先将患病猫两后肢提起，做倒立保定。消毒后，注射者一手握住动物的腹侧壁，另一手持注射器，于耻骨前缘3～5厘米处的腹正中线旁，垂直刺入2～3厘米，回抽注射器并观察有无肠内容物或血液，如无液体被抽出，方可注入药物。

腹腔注射应该注意：术部、器械应严格消毒，以防感染；一般情况下，腹腔不要注入有刺激的药物；输大量等渗或低渗溶液时，应事先将药液加温至37～38℃，药液过凉，会引起痉挛、产生腹痛。注射药量猫为50～300毫升。

9. 其他注射法

（1）关节腔内注射　可用于治疗关节疾病，排出关节腔内积液（穿刺）和向关节腔内注入药液。

（2）实质内注射　是向组织和脏器中及脓肿等实质内注入药液的方法。如注射抗生素以治疗脓肿、注射碘制剂以治疗放线菌肿以及把药液注入卵巢实质内等。

（3）皮下移植　即把溶液性的小丸剂埋植于皮下或肌内，经过1周乃至数月慢慢的持续吸收，如甾体类激素小丸剂的埋植。

五、穿刺术

穿刺术是使用特制的穿刺器具（如套管针、肝脏穿刺器、骨髓穿刺器等）刺入动物体腔、脏器或髓腔内，排出内容物或气体，或注入药液以达治疗目的。也可通过穿刺采取患病动物某一特定器官或组织的病理材料，提供实验可检病料，以助确诊。但穿刺术实施中对组织有一定的损伤，有引起局部感染的可能，故应用时必须慎重

1. 胸腔穿刺术

主要用于排出胸腔积液、血液，或洗涤胸腔及注入药液；多用于胸膜炎、胸膜内出血、胸水的治疗以及排出胸腔内积气（气胸或脓胸）。也可用于检查胸腔有无积液及积液的采取，供鉴别性质、帮助诊断之用。右侧第七肋间、左侧第八肋间、胸外静脉上方 2 厘米处穿刺时，术者左手将术部皮肤剪毛、消毒后，向上方移动 1～2 厘米，右手持套管针用指头控制 3～5 厘米处，在靠近肋骨前缘垂直刺入。穿刺肋间肌时有阻力感，当阻力消失而有空虚时，表明已刺入胸腔内，拔出内针，即可流出积液或血液，放液时不宜过急，预防胸腔减压过急，影响心肺功能。如针孔堵塞不流时，可用内针疏通，直至放完为止。放完后亦可通过穿刺针进行胸腔洗涤。

2. 腹腔穿刺术

常用于排出腹腔的积液和洗涤腹腔及注入药液进行治疗。也用于采取腹腔积液，以助于胃肠破裂、肠变位、内脏出血、腹膜炎等疾病的鉴别诊断，穿刺部位猫在脐至耻骨前缘的连线上中央白线旁两侧。穿刺时术者左手移动皮肤，右手持针头，由腹下向腹腔垂直刺入 3～4 厘米，其余操作参照胸腔穿刺。

3. 膀胱穿刺术

在猫发生排尿困难或尿闭时，作为急救措施，进行膀胱穿刺，进行人工排尿。其方法是：在后腹部触诊确定膨满的膀胱，然后由耻骨前缘的下腹壁刺入膀胱，尿液即排出。

六、洗胃

洗胃的目的在于排出胃内容物，调节酸碱度，以解除对胃壁的刺激和分泌机能。对急性胃扩张，摄入毒物或有毒食物而尚未完全被吸收时，均可进行洗胃。

洗胃的方法是：先准备好 1 条胃管（胃管的长度至少长于鼻尖到剑状软骨的距离）和开口器（一段中间开有圆孔的木棒）及洗胃液（常用洗液有温盐水、温开水，1％～2％食盐水、温肥皂水、浓茶水和 1％碳酸氢钠溶液等）。将动物麻醉后（亦可用猫钳夹住动物），然后将开口器塞入口内，使动物头部和胸部稍低于腹部（过低会引起腹腔脏器压迫横膈而影响呼吸），将胃管沿开口器中央小孔插入，经口咽部缓慢送入食道（参照胃管投药法），然后将胃管送入胃内，并使胃管露出口腔外 5 厘米左右。然后迅速用注射器向胃管注入洗液，洗液量是每千克体重 5～10 毫升，洗液进入胃内，应尽快用注射器回抽胃内液体，再注入洗液，再回抽胃内液体，如此反复数次，直到将胃内容物充分洗出为止。

七、灌肠

灌肠是将水（如生理盐水和冰水等）、某些药液（如水合氯醛等麻醉药、抗生素）、营养品（如牛奶、葡萄糖等）灌入直肠内的一种方法。

灌肠方法是：将动物保定确实，稍抬高后躯，将吸有药液的注射器（不接针头）头部插入肛门内注射即可。当需要深部灌肠时，可用人医 14 号导尿管前涂擦液状石蜡油或食用植物油后，沿肛门插入直肠一定深度，再由助手捏紧肛门周围皮肤与导尿管，灌肠者将盛有药液或水的注射器接在导尿管上，推动注射器内筒，根据需要反复向直肠注入水或药液，灌注完毕后，可立即用棉花球塞住肛门，15～30 分钟后拿下。

八、导尿法

临床上常用导尿法收集尿液、排尿（膀胱过度充盈）或直接注射药物入膀胱。

1. 公猫导尿法

可用静松灵进行全身麻醉；病情重或有尿毒症病猫可用 5％普鲁卡因或 2％利多卡因对尿道外口黏膜进行表面麻醉，仰卧保定，后肢向后方牵引。助手将包皮向后推退，拉出阴茎，用 0.1％新洁尔灭消毒阴茎。术者用消毒过的导尿管（直径 0.1～0.2 厘米，或人医用肺留置管或硬膜外麻醉留置管）经尿道外口插入，逐渐向膀胱内推进。导尿管与脊柱平行插入。用力要适当，千万不可强行插入。当尿道有血凝块时，可用生理盐水或稀醋酸冲洗出，以便导尿管能顺利通过。导尿管一旦进入膀胱内，即有尿液经导尿管流出。导尿完毕经导尿管向膀胱内注入青霉素 20 万单位，以防继发感染。拔出导尿管，消毒尿道外口，松解保定。

2. 雌猫导尿法

猫站立或胸俯卧式保定。导尿前，用 0.1％新洁尔灭溶液清洗阴唇，用 5％盐酸普鲁卡因或 1％丁卡因滴入阴道穹隆内，对阴道黏膜进行表面麻醉。将猫尾巴拉向一侧，沿阴道底壁插入导尿管，并渐渐地引导导管端进入尿道内。导尿时若备有带照明光源的内窥镜更为方便。

九、输液

许多疾病都能引起猫身体的水、电解质及酸碱平衡紊乱。如紊乱程度超出机体自身的代谢调节能力，同时又得不到及时的人为纠正时，患病猫病情往往加重甚至导致死亡。因此，了解水、电解质和酸碱平衡紊乱发生机理及临床表现，掌握调节和纠正紊乱的措施、正确及时地输液是十分重要的。

1. 水、电解质和酸碱平衡紊乱

成年猫体内的水约为其体重的 60%，其中细胞内液和细胞外液各占一半。细胞外液中间质液占体重的 25%，血浆内的水分占体重的 5%。体内水分的容量在神经体液的调节下，通过摄入（胃肠道）和排出（胃肠道、呼吸道、肾脏、皮肤等）保持动态平衡。当机体受到疾病侵袭，这些系统器官功能发生紊乱后直接破坏这种平衡，如体液的流失量大于摄入量时，机体即发生脱水。临床上常分为等渗性、低渗性和高渗性脱水。正常情况下，机体的酸碱度（pH）保持相对稳定，这是通过肾调节、呼吸调节、全身体液稀释缓冲和血液缓冲来实现的。其中血液缓冲（HCO_3^- 和 H_2CO_3 缓冲对）和肾的调节（排 H^+、NH_4^+、K^+，重吸收 Na^+）最为有效。若机体电解质代谢失调，则酸碱平衡也受到影响甚至紊乱，发生酸中毒或碱中毒。

2. 水、电解质和酸碱平衡紊乱性质的判断

输液之前，必须以病史、临床检查和实验室诊断为依据，对机体脱水和酸碱失调的性质作出判断。一般来说，应先了解脱水的途径、病程长短、饮食情况。脱水的途径一般有胃肠途径（呕吐、腹泻）、泌尿途径（多尿症）、创伤烧伤（失血、失血浆）、非显性脱水（过度喘气、发烧）或体腔内积液（腹膜炎性腹水渗出、肠阻塞

时肠腔积液）等。

在临床上是通过检查皮肤弹性（以腰背部皮肤为准）、黏膜湿润性、眼球凹陷程度、心率、脉象等项目来判断脱水程度的。

（1）轻度脱水 失水量为总体重的 2%～4%，患病动物精神沉郁、口稍干、有渴感、皮肤弹力稍减、尿量减少，红细胞压积（PCV）增加 5% 左右。

（2）中度脱水 失水量约占体重的 4%～8%，患病动物精神沉郁，眼球内陷，饮欲增加，皮肤弹性减退，尿少，尿液相对密度增加，脉搏次数明显增加，PCV 增加 5%～10%。

（3）重度脱水 失水量约占总体重的 8%～10% 或 10% 以上。患病猫倦怠、喜卧、眼球及体表静脉塌陷、结膜发绀、口干舌燥、鼻镜龟裂、脉搏细弱、黏膜发干，皮肤捏起后久不回复。脱水 12%～15% 时动物常发生休克、生命垂危。

此外，体重变化也可反应脱水程度，一般体重减少 1 千克，脱水 1000 毫升左右。除血比容外，血浆总蛋白、碱贮、尿相对密度均有助于准确判断脱水性质和程度。

3. 输液溶液的类型

常用输液溶液类型很多，大致可分为葡萄糖溶液（浓度 5%～50% 不等）、电解质溶液（包括生理盐水、5% 葡萄糖生理盐水、复方氯化钠溶液等）、碱性溶液［如 5% 碳酸氢钠溶液、乳酸钠溶液、三羟甲基氨基甲烷溶液（缓血酸胺）、谷氨酸钠溶液］、混合溶液、胶体溶液（如中分子右旋糖酐、低分子右旋糖酐、超低分子右旋糖酐等）。所需输液溶液类型应根据疾病性质和体液流失的量和成分决定。

4. 输液途径

一般有静脉注射、皮下注射、口服、腹腔给药等途径。严重、大量的脱水应选择静脉内和腹腔内（腹腔注射给药）的输液途径。病情较轻或缓和后，维持输液可选择皮下注射的途径（5%的葡萄糖）。高渗、高能量的可口服（呕吐、腹泻及突然大量的脱水时不宜通过口服补液）。

5. 补液量

对脱水的程度作出判断后，可根据以下公式计算需要补液的量（一次性补充量）和维持补液的量：补充量（升）=体重（千克）×脱水量（%，占体重的百分比）；维持量=每日每千克体重40~60毫升。

6. 补液速度

机体脱水快、脱水量大时输液速度应快，最快可达每千克体重每小时100毫升，但需监测心、肾功能。对于慢性脱水，在计算好补液量后，可先补失液量的一半，然后进行维持输液，在1天内输够即可。如要施行手术，输液最好在麻醉前就进行。手术中维持输液的速度控制在每千克体重每小时5~20毫升。胸腹腔手术时输液可快些。

第二章

猫常见内科病诊疗技术

第一节　猫呼吸道疾病诊疗

一、感冒

感冒是以上呼吸道黏膜炎症为主的急性全身性疾病。临床上以发热、流泪、打喷嚏、伴发结膜炎、鼻炎、呼吸增数为特征。本病多发于幼猫，气候多变季节发病率高。

1. 病因

当饲养管理不当等导致机体抵抗力下降，特别是上呼吸道黏膜防御机能减退时，呼吸道内常存细菌大量繁殖，导致感冒的发生。感冒往往具有很高的接触传染性。其病原很可能是病毒。再者，寒冷、气候突变、长途运输、过度劳累、淋雨及营养不良时，都可促进感冒的发生。

2. 临床症状

患病猫精神沉郁，食欲减退，眼结膜潮红，流泪，体温升高，呼吸加快；打喷嚏，咳嗽，先流浆液性鼻涕，后转为黄色黏稠状，肺泡呼吸音增强，心率加快，心音增强。

3. 诊断要点

根据受到寒冷刺激后突然发病，体温升高，咳嗽，流浆液性鼻涕等上呼吸道炎症症状可做出诊断。

4. 防治措施

（1）防治原则 解热镇痛，祛风散寒，控制继发感染。加强饲养管理，提高抗病力，注意防寒保暖。

（2）治疗措施

① 柴胡 2～4 毫升，阿米卡星 10 毫克/千克体重，阿莫西林克拉维酸钾 5～10 毫克/千克分别肌内注射，2 次/天。

② 30%安乃近 2～4 毫克，利巴韦林注射液 5～8 毫克/千克体重，阿米卡星 10 毫克/千克体重，分别肌内注射，2 次/天。

③ 庆大霉素 80 毫克，地塞米松 5 毫克，鱼腥草 2 毫升，盐酸氨溴索注射液 2 毫升，加生理盐水至 15 毫升，加入超声波雾化器雾化 20 分钟/次。

二、气管支气管炎

气管支气管炎是猫的气管支气管黏膜在各种致病因素作用下发生的急慢性炎症，临床上以咳嗽、肺部听诊有啰音为特征。本病是一种常见的呼吸系统疾病，多发生于春秋季节和气温骤变时。

1. 病因

原发性气管支气管炎主要是寒冷以及机械、物理、化学因素刺激所引起。继发性气管支气管炎多见于某些传染病，如猫鼻气管炎病毒、猫杯状病毒感染和其他细菌、支原体感染；也可能由上呼吸道或肺部炎症蔓延而来。

2. 临床症状

咳嗽是本病的主要症状。急性气管支气管炎病初带有疼痛性干咳,以后随着渗出物增加而变为湿咳。两侧鼻孔流浆液、黏液乃至脓性鼻液,咳嗽后流出量增多。发病初体温轻度升高,若炎症蔓延至细支气管,则有体温持续升高、脉搏增数、食欲减退、精神委顿、明显呼吸困难等全身症状;胸部听诊,肺泡呼吸音增强,可听见干、湿性啰音;叩诊无明显变化,X 光拍片可见较粗纹理的支气管阴影。

慢性气管支气管炎的主要症状是持续的咳嗽,常为剧烈、粗粝、突然发作的痉挛性咳嗽,以运动、采食、夜间或早晚更为严重。

气管内可见红斑、黏液增加和出血。

3. 诊断要点

主要依据明显的干咳,胸部听诊有干、湿性啰音,叩诊无明显变化,X 光拍片检查有较粗纹理的支气管阴影等临床症状确诊。但应注意与鼻炎、喉炎、肺炎等鉴别。

4. 防治措施

(1) 治疗措施 首先应将患病猫置于安静、温暖通气和清洁的环境。消除炎症每千克体重可用青霉素 4 万单位或链霉素 20 毫克,每天 2 次肌内注射;也可选用氨苄青霉素、新霉素或其他广谱抗生素。为祛痰止咳,可用咳必清、磷酸可待因;分泌物多湿咳时,用氯化铵,每次 0.15~0.3 克,每日 3 次,内服;分泌物黏稠、不易咳出者用痰易净喷雾或用羧甲基半胱氨酸(化痰片)内服。对变态反应性气管炎、支气管炎可用地塞米松等皮质类固醇。

(2) 预防措施 保持环境清洁,无灰尘,加强饲养管理,提高机体抗病力，避免机械、化学、物理因素的刺激，保护呼吸道的自然防御机能。及时治疗原发病，按时驱虫。

5. 诊疗注意事项

（1）临床上应与慢性支气管炎和猫圆线虫病进行鉴别。

（2）用地塞米松对症治疗时，用药时间不能过长。

三、支气管肺炎

支气管肺炎是细支气管及肺泡的炎症，亦称小叶性肺炎。临床上以弛张热、呼吸次数增多、叩诊有散在的局灶性浊音区、听诊有啰音和捻发音为特征。多见于老龄和幼龄猫，冬夏季多发。

1. 病因

原发性病因多为受寒感冒，管理失调，物理、化学等因素刺激，降低了抵抗力，特别是肺组织抵抗力，为外源性和内源性细菌大量繁殖创造了最适条件，以致引起发病。多数情况下，支气管肺炎是一种继发性疾病，常发生在猫瘟热、猫呼吸道综合征过程中。此外，细菌、真菌感染，寄生虫移行，维生素缺乏等诸多因素均可成为本病诱因。

2. 主要症状

患病猫精神沉郁，食欲不振，体温升高（40℃以上），呈弛张热。病初呈急性支气管炎症状、流鼻液、短钝的咳嗽；听诊局部肺泡音增强，以后减弱或消失，有湿啰音及捻发音，叩诊出现浊音区。重症猫，呼吸促迫或困难，表现所谓唇型呼吸特征（鼻翼呼吸和颊部呼吸）。X射线检查可见肺纹理加深，伴有小片状灶性阴影。血液学检验，白细胞总数、中性粒细胞增加，有核左移现象。

3. 诊断要点

根据体温呈弛张热、短钝的痛咳、胸部叩诊呈局灶性浊音区、听诊捻发音、X 射线检查局灶性阴影等临床症状综合分析可作出诊断。但对细菌性、霉菌性、寄生虫性肺炎的鉴别诊断尚需借助于血液学检验、渗出物和黏液的培养、细胞学检验等进一步的分析

4. 防治措施

(1) 治疗措施 加强营养护理的同时，应消炎、止咳、制止渗出，促进吸收和排出，以及对症治疗。为消除炎症，控制感染，可用广谱抗生素治疗（最好根据痰、鼻分泌物、黏液、胸腔渗出物或血液培养、药敏试验选择合适的抗生素）。祛痰止咳，可用必咳平、乙酰半胱氨酸。制止渗出可静注 10％葡萄糖酸钙 10～15 毫升。对呼吸困难和心力衰竭者，可用强心剂和给氧。为扩张气管可用氨茶碱口服，每千克体重 10～20 毫克，每天 1 次；硫酸特布他林，每千克体重 1.25 毫克，每天 2～3 次。

(2) 预防措施 基本同支气管炎，但应加强预防和根治能继发本病的一些传染病和寄生虫病。

5. 诊疗注意事项

(1) 临床上应与肺水肿、心脏病、肺出血、转移性疾病、肺部脓肿、肺部血栓栓塞、肺蠕虫病、心脏蠕虫病及全身性真菌侵入等疾病进行鉴别。

(2) 氨茶碱、硫酸特布他林等气管扩张药，不能长期连续使用，并要间隔用药。

四、大叶性肺炎

大叶性肺炎是整个肺叶的实质发生急性或慢性炎症过程。由于

炎性渗出物主要是纤维素，又称纤维蛋白性肺炎或格鲁布性肺炎。临床上以高热稽留、呼吸障碍、低血氧症、肺部广泛浊音区为特征。

1. 病因

真菌感染后可引起肺炎。某些内外变态反应可直接引起肺炎。受寒感冒、过敏性反应、胸壁透创、异物吸入等可能是本病的诱因。

2. 临床症状

患病猫精神沉郁、食欲下降或废绝，体温升高到40℃以上稽留不退。脉搏、呼吸增快，呈混合型呼吸困难，痛咳，中后期流铁锈色鼻涕，可视黏膜潮红或发绀。肺部听诊，初期呼吸音减弱，后为湿啰音，最后病变区域听不到呼吸音。叩诊肺部，病变部位呈浊音或半浊音，周围肺组织呈过清音。实验室检查，白细胞总数增高，中性粒细胞增多且伴有核左移。X线胸部拍片检查，可见絮状、云雾状广泛阴影，心脏轮廓不清，隔角变钝。

3. 诊断要点

根据病史，临床特点可初步做出诊断。血象检查和X线检查是最快最有效的方法。

4. 防治措施

控制感染，改善呼吸窘迫，输氧治疗和抑制肺部渗出。

（1）控制感染　氨苄青霉素、头孢唑啉钠、头孢曲松钠、头孢呋辛钠，15～30毫克/千克体重，肌内注射或静滴，2次/天；也可用阿奇霉素10～20毫克/千克体重静滴，2次/天，同时配合阿米卡星10毫克/千克体重，肌内注射，2次/天。支原体感染可注射犬呼灵 0.2～0.4 毫升/千克体重，2 次/天，连用 3 天。霉菌性肺炎时，两性霉素 B 0.25～0.5 毫克/千克体重，静滴，隔日 1 次。连用 3 次。

（2）控制呼吸窘迫，改善肺功能　盐酸氨溴索 2～4 毫升/次，加入生理盐水 50～100 毫升，静滴。

（3）促进炎性产物吸收　10%～25% 葡萄糖 30～60 毫升、10% 葡萄糖酸钙 2～10 毫升、维生素 C 0.5～1.5 克，静脉滴注，1 次/天，连续 3 天。

（4）止咳祛痰　联邦止咳露口服 1～5 毫升/次，3 次/天。尿激酶型纤溶酶激活因子注射液 0.2 毫升/千克体重，肌内注射，连用 3～5 天。

（5）加氧雾化疗法　庆大霉素 8 万单位，地塞米松 5 毫克，鱼腥草注射液 2 毫升，盐酸氨溴索注射液 2 毫升加生理盐水至 15 毫升，加入超声波雾化器接入氧气雾化 20 分钟/次，2 次/天。

（6）中药治疗　双黄连 1 毫升/千克体重，清开灵 2～10 毫升加入 5% 糖盐水静滴，1 次/天。也可用黄芩 10 克、杏仁 3 克、桔梗 9 克、枇杷叶 6 克、苏子 5 克、桑白皮 15 克、麻黄 3 克、石膏 9 克、车前子 5 克、甘草 6 克煎水灌服，3 次/天，1 剂 2 天。

五、肺气肿

肺气肿是由于肺泡过度扩张，导致肺泡壁弹性降低，肺泡内蓄积大量气体，甚至引起肺泡破裂，气体窜入叶间组织，导致间质充气。如气体只充满肺泡所引起的肺气肿，称为肺泡气肿；肺泡破裂，气体窜入叶间组织而引起的肺气肿称为间质性肺气肿。临床上以胸廓扩大、肺部叩诊呈鼓音或过清音、肺叩诊界后移和呼吸困难为主要特征。

1. 病因

根据病理可分为肺泡气肿和间质性肺气肿。

（1）肺泡气肿　根据病程又分为急性肺泡气肿和慢性肺泡气肿。急性肺泡气肿在临床上又有弥漫性和局限性肺泡气肿两种类型。

① 急性弥漫性肺泡气肿：因长时间挣扎和鸣叫、急速奔跑等使呼吸紧张，用力呼吸使肺泡过分充满空气、肺泡过度扩张引起。尤其是老龄动物，因肺泡壁弹性降低，更易发生。

② 急性局限性或代偿性肺泡气肿：多继发于局灶性肺炎或一侧气胸。是由于部分肺组织失去呼吸功能，其周围或对侧的肺组织发生代偿性呼吸所致。

③ 慢性肺泡气肿：多由于长期剧烈运动引起。也见于慢性支气管和上呼吸道慢性炎症所引起的气道狭窄，因呼气受限而致肺泡积气。

（2）间质性肺气肿　由于剧烈咳嗽，肺泡内压急剧升高，导致肺泡破裂，气体进入肺间质组织而引起。

2. 症状

急性弥漫性肺泡气肿，多突然发生呼吸困难、结膜发绀、气喘、胸外静脉怒张。肺区叩诊出现过清音，肺叩诊界后移，心浊音区缩小。胸部听诊，肺泡呼吸音初期增强，后减弱，如呼吸道有感染，因分泌物增多而出现湿啰音。急性局限性肺泡气肿，多为继发，有原发病症状，在原发病的基础上出现呼吸困难，并逐渐加重，特别是运动和卧下时更明显。

慢性肺泡气肿，发病较慢，病初无明显症状，仅在剧烈运动后出现呼气性呼吸困难，随时间的发展逐渐加重。在呼气时，腹肌强烈收缩，沿肋弓出现明显凹陷，呼气困难严重者，在呼气时，肋间隙增宽。有时出现全身淤血，下颌、腹下及四肢末端水肿。

间质性肺气肿，多为突然发病，迅速出现呼吸困难，在颈侧、背部及肩胛区，出现明显皮下气肿，触压有捻发音。肺区听诊呈鼓音或过清音。

3. 诊断

根据病史、高度呼气性呼吸困难、胸廓呈圆桶状、肺叩诊界后移、叩诊呈过清音或鼓音、听诊肺泡呼吸音减弱，可得出诊断。须与气胸相区别：气胸表现为突然发病，严重呼吸困难，叩诊胸廓出现单侧鼓音，病情迅速恶化，甚至窒息死亡。

4. 治疗

避免剧烈运动，减少吸入刺激性气体，消除变态反应原作用的因素，积极治疗原发病。

（1）急性肺泡气肿　除去病因并使动物充分休息，注意环境通风，保证空气新鲜，多数轻症病例可自愈。重症病例应及早治疗，减轻过敏反应，2.5%盐酸异丙嗪注射液，25～50毫克/次，肌内注射；缓解气喘，可皮下注射0.1%硫酸阿托品注射液，0.3～1毫克/次，也可用盐酸麻黄碱5～10毫克/次，皮下或肌内注射。

（2）慢性肺泡气肿　主要是对症治疗。当剧烈气喘时，可用阿托品或麻黄素以平喘。

（3）间质性肺气肿　痛咳严重，可内服磷酸可待因片15～60毫克/次，或内服复方甘草合剂5～10毫升/次，或复方樟脑酊3～5毫升/次，也可皮下注射吗啡或阿托品。

减轻过敏反应，可用2.5%盐酸异丙嗪注射液25～50毫克/次，肌内注射，或按50～100毫克/次的剂量内服，每天2次，连用3～4天；同时肌内注射氨茶碱溶液0.5～2克/次。消炎可肌内注射氨苄青霉素 2～7 毫克/千克体重，每天 2 次；缓解呼吸困难，有条件者可用氧气吸入疗法。

（4）中药治疗　取蛤蚧 1/4 只，麦冬、百合、苏子、天冬、栝楼、马兜铃各 3 克，天花粉、枇杷叶、知母、栀子、秦艽、升麻、贝母、白药子、没药各 2 克，水煎取汁，候温加蜂蜜适量灌服。

六、异物性肺炎

异物性肺炎是指由于空气以外的其他气体、液体、固体等异物被吸入肺内，引起的支气管和肺的炎症。如果由于腐败性细菌感染导致肺组织坏死和分解，则称为肺坏疽。临床上以呼吸极度困难、两鼻孔流出脓性或腐败性鼻液为特征。

1. 病因

主要由于误咽或吸入异物引起，见于咽炎、咽麻痹、破伤风、食道阻塞和伴有意识障碍的脑病等。灌药时，因呛咳使药物进入气管，也是本病的常见原因。肺部创伤和肋骨骨折时引起创伤性肺坏疽。此外，本病也可由大叶性肺炎转变而来。

2. 症状

病初呈现支气管肺炎的症状，呼吸急速而困难，腹式呼吸，并出现湿性咳嗽。体温升高，脉搏快而弱，有时战栗。病后期呼出气有腐败性恶臭味，两鼻孔流出有奇臭的污秽鼻液。听诊肺部有明显啰音。叩诊肺部敏感，初期呈浊音，后期由于出现肺空洞，叩诊呈灶性鼓音，若空洞周围被致密组织所包围，其中充满空气，则叩诊呈金属音，若空洞与支气管相通则叩诊呈破壶音。

3. 诊断

根据病史和临床特征，可以做出诊断。必要时配合实验室诊断和 X 线检查。

（1）实验室诊断 将鼻液收集在玻璃杯内，可分为三层，上层为黏性有泡沫，中层为浆液性并含有絮状物，下层是脓液且混有很多肺组织块。显微镜检查时，可看到肺组织碎片、脂肪滴、脂肪晶体、棕色至黑色的色素颗粒、红细胞、白细胞及大量微生物。如将鼻液在 10％氢氧化钾溶液中煮沸，离心获得的沉淀物在显微镜下检查，可见到肺弹力纤维。

（2）X 线检查 肺部可见到透明的肺空洞及坏死灶阴影。

4. 治疗

迅速排出异物，制止肺组织的腐败分解，缓解呼吸困难，对症治疗。

（1）排出异物 首先让动物横卧，把后腿抬高，便于异物向外咳出。同时皮下注射 2％盐酸毛果芸香碱注射液 0.2～1 毫升，使气管分泌物增加，可促使异物迅速排出。

（2）缓解呼吸困难 当呼吸高度困难时，应进行氧气输入。

（3）抗菌治疗 用丁胺卡那霉素 10 毫克/千克体重，肌内注射，或用氨苄青霉素 100 毫克/千克体重，肌内注射。或口服磺胺甲基异噁唑、磺胺二甲基嘧啶或复方新诺明片等。

（4）对症治疗 止咳平喘，用咳必清 25 毫克，每天 2 次，连用 2～4 天。如咳喘严重时，可用氨茶碱 10 毫克/千克体重，肌内注射，或用 10％葡萄糖酸钙溶液 10～15 毫升混入生理盐水内缓慢滴入，每天 1 次。

（5）中药治疗 用百合、白及各 30 克，研为极细末，加蜂蜜和水各 50 毫升，调匀 1 次灌服，每天 1 剂，连用 3 天。

七、鼻炎

鼻炎是可将鼻黏膜的炎症。临床上以鼻黏膜充血、肿胀，流出浆液性、黏液性及脓性鼻液，呼吸困难，打喷嚏为主要特征。

1. 病因

猫的鼻炎病因可以分为以下几种。

（1）物理性因素 如寒冷刺激、粗暴的鼻腔检查、经鼻腔投药造成鼻黏膜损伤，吸入粉尘、烟尘、植物纤维、昆虫、花粉及真菌孢子等直接刺激鼻黏膜所致。

（2）化学性因素 包括挥发性化工原料的泄漏后，饲养场内的废气、化学毒气等直接刺激鼻黏膜所致。

（3）生物性因素 由某些病毒（如猫细小病毒、猫鼻气管炎病毒、腺病毒），细菌（大肠杆菌、溶血性链球菌、支气管败血波氏杆菌、出血性败血巴氏杆菌）和寄生虫等感染所致。

（4）其他因素 如邻近器官的炎症（如咽喉炎、副鼻窦炎、口炎）蔓延，鼻部外伤或先天性软腭缺损导致的炎症，某些过敏性疾病等。

2. 症状

（1）急性鼻炎 病初鼻黏膜潮红、干燥、肿胀。因黏膜发痒，病猫常用前爪搔鼻部，摇头后退，频打喷嚏，轻度咳嗽。一侧或两侧鼻孔流出鼻液，初为浆液性，然后为黏液性，甚至脓性，有时混有血液。鼻孔周围的皮肤可能发生表皮脱落。当鼻孔被排泄物、结痂物阻塞时，出现呼吸促迫，张口呼吸，有吸气性杂音和鼻塞音。伴有结膜炎时，可见羞明流泪。如下颌淋巴结明显肿胀时则吞咽困难。常伴发扁桃体炎和咽喉炎。有的出现呕吐，食欲减退。

（2）慢性鼻炎 病程较长，病情时轻时重，长期流脓性鼻液，鼻侧常见到色素沟，严重者鼻腔黏膜溃烂。伴有副鼻窦炎时，常引起骨质坏死和组织崩解，鼻液内可能混有血丝并散发出腐败气味。

呼吸困难，尤其是运动后常出现前肢叉开甚至呈犬坐姿势，呼吸用力。严重时，张口呼吸，出现阵发性喘气，鼻鼾明显。

3. 诊断

根据病因和临床症状可做出诊断，但应注意与各种生物性因素引起的鼻炎相区别。

4. 治疗

去除病因，将患病猫安置在温暖、通风良好的场所。治疗以抗菌消炎、局部用药为原则。

（1）抗菌消炎　对炎症较为严重的猫，肌内注射氨苄青霉素，0.5～1.0克/次，每天3次，连用前应做皮试。

（2）局部用药　对有大量稀薄鼻液的病例先用0.1％高锰酸钾溶液200毫升冲洗鼻腔，再用复方碘甘油50毫升喷涂，每天1次，连用3～5天；对于鼻塞严重的，可用去甲肾上腺素滴鼻液滴鼻，每天数次，使用1～2周后间断1～2周，避免长期连续用药；当鼻腔黏膜严重充血时，可用血管收缩药1％麻黄碱滴鼻。

第二节　猫消化道疾病诊疗

一、口炎

口炎又名口疮，是口腔黏膜的炎症。临床上以流涎、口腔黏膜潮红肿胀、拒食或厌食为特征。口炎类型较多，包括卡他性口炎、水疱性口炎、溃疡性口炎和坏疽性口炎等。

1. 病因

引起口炎的原因很多。卡他性口炎的常见原因是机械损伤，如粗硬、坚硬的食物，各种尖锐的物质（如铁丝及碎玻璃等）的刺激；其次是化学原因，如误食生石灰、强酸、强碱及某些消毒剂。水疱性口炎常由于吃了腐败变质食物、口腔创伤以及缺乏 B 族维生素等引起，也可由卡他性口炎转化而来。溃疡性口炎主要是口腔不洁，细菌繁殖使黏膜腐烂而至溃疡。口炎还可由许多传染性病原微性物感染引起，如病毒、霉菌、念珠菌等。菱形螺旋体可能是猫最常见的传染性炎的病原。

2. 主要症状和病理变化

口腔黏膜红、肿、热、痛，敏感性增高，采食时小心咀嚼，或略经咀嚼又成团吐出，在猫往往完全或部分丧失食欲。常有大量唾液流出，呼出气体有异常味，局部淋巴结可肿大，拒绝用在何方式检查口腔。

卡他性口炎是其他类型口炎的初期病症；水疱性口炎在口腔黏膜上出现大小不等的水疱，内含透明或黄色液体，常破溃后形成腐烂；溃疡性口炎在口腔黏膜及齿龈上有糜烂、坏死或溃疡，齿龈易出血，口流灰色恶臭唾液，若并发败血症或者其他疾病，则预后不良；霉菌性口炎，在口腔黏膜上形成柔软、灰白色、稍隆起的斑点，口角流出浓稠的唾液。

口腔黏膜上皮脱落，黏膜下充血。

3. 诊断要点

检查口腔可作出诊断。

4. 防治措施

（1）治疗措施 用消毒收敛剂冲洗口腔，一般可用 0.1%高锰酸钾、2%硼酸、3%双氧水、1%～2%明矾、鞣酸、来苏儿等溶液冲洗。对流涎特别严重的猫，可用硫酸阿托品抑制唾液分泌，再涂以复方碘甘油、硼酸甘油、龙胆紫溶液、可的松软膏和制霉菌素软膏。对慢性口炎，可涂 1％～5％蛋白银溶液、0.2％～0.5％硫酸铜或硝酸银溶液。对坏疽性口炎，应扩创和手术切除病灶。对传染性病原引起的口炎，给予抗生素和磺胺类药物全身治疗，可选用新霉素、庆大霉素等。

中药治疗，处方（以下可选任一）：

① 黄连 13 克、栀子 13 克、大黄 13 克、麦门冬 13 克、花粉 13 克、豆根 10 克、甘草 10 克、木通 10 克、知母 10 克，煎水内服。

② 青黛 10 克、黄连 6 克、黄柏 10 克、薄荷 3 克、桔梗 6 克、儿茶 6 克，煎水内服。

（2）预防措施　对饲料要严格精选，剔除铁丝、铁钉及玻璃、砖瓦等锐利物质，防止锐物刺伤猫的口腔，消除和杜绝各种对黏膜的机械性、物理性和化学性刺激。同时要喂以清洁、易消化的饲料和清洁饮水，并在日常饲养中添加适量的清热泻火药物和补充 B 族维生素，可有效防止本病发生。

二、咽炎

咽炎是指咽黏膜及其深层组织的炎症，以吞咽障碍、咽部肿胀及敏感和流涎为特征。

1. 病因

原发性咽炎多因机械、化学及温热刺激所引起，如被尖锐物体刺伤、粗暴使用胃管、应用浓度过高有刺激性或腐蚀性的药物、强烈的烟熏、吸入毒气和采食霉败食物都可引起咽炎。受寒感冒和过度疲劳是诱发咽炎的主要因素。

继发性咽炎多由口腔、扁桃体、鼻腔等邻近组织器官的细菌感染，或者猫瘟热、猫传染性肝炎等传染病继发所致。

2. 主要症状

初期表现为精神沉郁，体温升高，采食缓慢或厌食，空口咀嚼，吞咽痛苦。由于炎症刺激，唾液分泌增加而流涎，有时吐出白色泡沫状黏稠物。由于炎症，一侧或双侧鼻孔流出数量不等的炎性渗出物，有的呈黏性、脓性和血性。下颌淋巴结肿胀，咽部触诊敏感性增加，常发出痛苦的咳嗽。

慢性咽炎发展缓慢，有发作性咳嗽、吞咽困难、下颌淋巴结轻度肿胀。

咽部红肿，下颌淋巴结肿大。

3. 诊断要点

根据咽部检查和临床症状可确诊。

4. 防治措施

（1）治疗措施　清洁口腔，用0.1%高锰酸钾或2%硼酸溶液冲洗，局部涂擦碘甘油。禁止使用胃管。在疾病初期，可用复方醋酸铅溶液在颈部冷敷，2～3天后或在疾病后期应用20%硫酸镁溶液温敷或热水袋等热敷。继发性咽炎还应治疗原发病。

对轻症病例，可给予流质食物，多饮水；对完全不能吞咽的病例，应输入高浓度葡萄糖溶液；对不能饮水者，应输入葡萄糖氯化钠溶液。

中药治疗，处方（以下可选任一）：

① 豆根10克、麦冬10克、射干10克、桔梗10克、芒硝10克、胖大海6克、甘草13克，研末煎水内服。

② 山豆根、麦冬、栀子、牛蒡子、射干、甘草、陈皮各10克，煎水内服。

③ 山豆根、鱼腥草、射干各 30 克，煎水内服。

（2）预防措施 加强饲养管理，要饲喂新鲜的猫用饲料，在饲喂前认真检查和清除饲料中的铁丝、铁钉及玻璃碎片等锐物；不要让猫接触到高浓度刺激性或腐蚀性药物及强烈刺激性有毒气体，并防止感冒，及时治疗容易诱发本病的各种疾病。

三、食道梗阻

食道梗阻是指食道被食团或异物所阻塞，可分为完全梗阻和不完全梗阻，临床上以突然发生吞咽困难为特征。

1. 病因

食道梗阻最易发生在胸部食道入口处、心基底部和膈的食道裂孔处。由于硬块饲料（如大块骨头、软骨、肉块等）、混于饲料中的异物（如铁丝、鱼钩、鱼刺等）阻塞在食道中；玩耍嬉戏而误咽手套、袜子和玩具等物；饥饿过度，采食过急，或在采食中突然受到惊扰，以致发生梗阻。凶猛的大型猫因在采食时易发生相互争抢而比小型猫多发。

2. 主要症状

不完全阻塞时，动物呈略微的骚动不安、呕吐和哽噎动作，摄食时小心缓慢，仅有液体食物能通过食道入胃，固体食物滞留在阻塞部位或被呕吐出来，有疼痛表现，当食道完全阻塞时，患病动物高度不安，头颈伸直，完全拒食，流涎，频频出现哽噎和呕吐动作，吐出带泡沫的黏液或血浆，后肢抓颈或干咳，甚至窒息。

异物周围食道肌肉痉挛和组织水肿，有棱角的异物可见黏膜的擦伤、割破和穿孔。

3. 诊断要点

根据突然发病和典型症状，可以诊断。胃管插入受阻、X 射线检查能区别两者和确定梗阻的位置。

4. 防治措施

（1）治疗措施　对不完全阻塞，可试用催吐剂，如阿扑吗啡，猫1毫克皮下注射，阻塞部位若接近咽喉，可在颈部皮肤用手试着轻柔地向外推挤排出异物，或用食道窥镜和异物钳取出异物。必要时施行食道切开术或切开胃，取出梗阻物。

在异物排出后，用抗菌药防止继发感染。对梗阻时间长的，还要补充水分和静注葡萄糖。排除异物后，先喂以流质，逐渐恢复正常饮食。

（2）预防措施　加强饲养管理，在饲喂前要精心查看并去除饲料中的大块骨头、软骨、铁丝、鱼钩、鱼刺等异物，平时要注意不要将手套、袜子和玩具等放在猫活动的地方，防止猫在玩耍时误食而发生食道阻塞。同时在猫采食过程中避免突然惊扰。

四、胃肠炎

胃炎是指胃黏膜的急性或慢性炎症。有的可引发肠黏膜出现胃肠炎。胃炎也是猫的最常见的一种疾病。

1. 病因

主要是猫误食腐败变质或不易消化食物及异物。

2. 临床症状

猫的胃炎病的主要症状以呕吐、腹痛、精神沉郁为主。患病的猫有较强的渴感，但饮后即吐，食欲减少或不食，有脱水、消瘦症状。呕吐物中有异物或血液。触诊腹部敏感、反抗，喜欢蹲坐或趴卧于凉的地面上。

3. 防治要点

（1）绝食 24 小时以上。

（2）给予镇吐剂，胃复安 1～2 毫克/千克体重，2 次/日；或口服吗丁啉片 2 毫克/千克体重，2 次/日；也可肌内注射氯丙嗪 1～2 毫克，1～2 次/日。

（3）口服胃溃宁（复方硫糖铝片），60 毫克/千克体重，3 次/日。

（4）对于脱水不食的病例可静脉滴注葡萄糖盐水 30 毫升/千克体重，5%碳酸氢钠注射液 2 毫升/千克体重，1 次/日。

五、胃内异物

胃内异物是由于猫吞食了难以消化的异物，并长期滞留在胃内的疾病。多见于幼年猫，长毛猫比短毛猫多发。

1. 病因

猫误食了各种物品，如骨片、木片、石块、布块、鱼钩、毛球和塑料玩具等。尤其是猫在梳理被毛时吞食了脱落的被毛，在胃内形成毛球。另外，患有狂犬病、胰腺疾病、维生素和矿物质缺乏以及有异嗜癖的猫，都可发生此病。

2. 主要症状

临床症状根据异物的大小、种类的不同，而有很大的差别。有些猫胃内有异物，但不表现临床症状，仅表现食欲不振，采食后间断性地呕吐，体重减轻。当胃内异物大而硬时，患病动物常表现出胃炎症状，偶尔尖锐或有刺激性的异物损伤胃黏膜时，可引起出血或胃穿孔。当异物完全阻塞时，患病猫表现为干呕或呕吐、完全废食、由于饥饿而时常鸣叫，但采食几口食物就走开，表现出不安和痛苦状，并发生渐进性消瘦。

3. 诊断要点

根据病史和症状，可作初步诊断。在猫，触诊肋骨部较敏感，易摸到胃内较大的异物。X线透视和钡剂造影以及内窥镜检查均可确诊。

4. 防治措施

（1）治疗措施　本病治疗应根据异物大小和种类，选择适当的内科和外科治疗方法。

① 破碎异物和排除异物。对于胃内异物不大，病猫精神、体质较好的情况下，可试用凡士林或液体石蜡等，使其发生物理性崩解。也可灌服催吐剂或食盐水，使毛球或异物从口中吐出。具体治疗方法：0.1％盐酸阿扑吗啡皮下注射，5～10毫升，或投服石蜡油等，5～10毫升/只，间隔投服1～2次，促使异物随粪便排出。

② 对于中等大小异物，可用内窥镜或专用异物镊子排除。

③ 对于较大的胃内异物或尖锐异物，要实施手术取出。

（2）预防措施　加强饲养管理，在饲喂前要精心查看并去除饲料中的大块骨头、软骨、铁丝、鱼钩、鱼刺等异物；保持猫舍的干净卫生，防止猫误食木片、石块、布块、鱼钩、毛球和塑料物品等；在猫脱毛季节要经常给猫梳理被毛，梳理下的被毛要及时予以销毁。

六、猫肚胀

猫肚胀又称猫消化不良，是指大量食物积滞于胃中，使胃容积增大、肚腹膨满的一种病症。

1. 病因

过食粗杂食物或肉脂类食物而消化不良，在胃肠中形成积滞。

2. 主要症状

病猫精神不振，不愿戏耍。可见肚微胀，不吃，排粪不畅或排少量稀粪。有时呕吐，呕吐物中有泡沫和未消化食物。

3. 诊断要点

腹部臌胀，用手敲击发出"嘭嘭"响声，并结合临床症状即可确诊。

4. 防治措施

（1）治疗措施可用中药及配合按摩疗法。

① 食积治宜逐寒和胃、消食化积，时间长则配合补液恢复肠功能。

② 肉滞治宜缓健脾胃，加强腐熟能力，消肉去腻。处方：乌药 10 克、山楂 10 克、鸡内金 6 克、干姜 1 克，水煎 2 次喂服。

（2）预防措施　平时饲喂注意一次不要喂得过饱，发现吃食过多时应停喂。

七、脂肪肝

脂肪肝主要是中性脂肪贮存于肝细胞而造成肝脏肿大的疾病。

1. 病因

脂肪肝的病因多种多样，大致可分为两类：原发性与继发性脂肪肝。长期摄入低蛋白、高脂肪和高碳水化合物的食物、运动不足、饥饿，以及抗脂肪肝物质不足时，都可发生原发性脂肪肝。继发性的主要是继发于许多疾病，如急性或慢性肝炎、许多传染病和寄生虫病、糖尿病、慢性胰腺炎及各种慢性代谢性疾病等，组织内的脂肪被动员贮存到肝脏而引发本病。

2. 主要症状

临床上无特征性症状表现，患猫精神沉郁、脱水、食欲不振、呕吐、腹胀、软便和便秘交替出现，粪便有恶臭，黄疸，且表现不同程度的肌肉萎缩，脂肪垫保留完整，这恰恰反映了猫在生病过程中没有能力动员脂肪，糖异生亢进导致明显的肌肉损伤。某些患猫出现肝脑病，这与肝细胞损伤或精氨酸的缺乏有关，厌食猫易发，因猫体内不能合成精氨酸而必须依靠日粮摄取。腹部触诊30％患猫显示肝肿大。

3. 诊断要点

本病诊断较困难。肝脏穿刺活检可确诊。还可进行超声波检查。

4. 防治措施

（1）治疗措施 用巯丙酰甘氨酸、泛酸钙和蛋氨酸来促使肝细胞内的脂质分解或排泄，也可以用秋水仙碱治疗，都有一定的疗效。

中药治疗：蝉蜕35克、龙胆35克、生地黄25克、菊花25克、珍珠母50克、决明子30克、栀子25克、黄芩40克、白芷25克、防风25克、苍术35克、蒺藜25克、青葙子25克、木贼35克、旋覆花25克，煎汤，每千克体重1～1.5毫升口服，每日1次，连用3～5天。

（2）预防措施 平时要加强饲养管理，应给予高蛋白和维生素含量高的食物，少喂脂肪含量高的食物。

八、急性胰腺炎

急性胰腺炎是指胰腺水肿或出血、坏死的一种急性病。临床上以突发性前腹部剧痛、休克和腹膜炎为特征。多发于中年肥胖猫。

1. 病因

饲喂高脂肪食物时可诱发急性胰腺炎。此外，高脂血症、甲状腺功能减退、糖尿病、胆管疾病、中毒病、某些传染病以及十二指肠液或胆汁返流胰管等，损害胰腺而发生急性胰腺炎。

2. 主要症状

临床上患有急性胰腺炎的猫，年龄从小到大都有，但以中年、肥胖的母猫居多。普遍的症状包括突然呕吐、厌食和精神沉郁。

（1）水肿型胰腺炎　主要表现为食欲不振、呕吐和腹泻，进食后腹部疼痛等。早期治疗效果尚好。

（2）出血性胰腺炎　主要表现精神不振，昏睡、呕吐、剧烈腹泻至血性腹泻，腹壁紧张，腹部压痛，饮水、进食后立即发生呕吐。严重者血压、体温降低，黏膜干燥，直至意识丧失、痉挛而发生休克，死亡率极高。

（3）坏死性膜腺炎　初期不会出现黄疸，在第三天出现可能是胆汁淤积导致，胆管阻塞少见。腹部膨大可能是麻痹性肠梗阻所致。红棕色的腹水液（胰腺腹水）有时是由于出血性胰腺坏死导致的积液。

3. 诊断要点

本病主要依赖于实验性治疗诊断，最常用方法是 X 线和超声波。急性胰腺炎的猫腹部 X 线显示右上腹部密度增加。严重者在腹部前腔内脏增加液体浓度，右侧十二指肠扩张，胃扩张。血清淀粉酶和脂肪酶比正常值增高两倍，尿淀粉酶增高，腹水中含有淀粉酶则更有诊断意义。白细胞剧烈增高，中性白细胞占多数，淋巴细胞减少。

4. 防治措施

（1）治疗措施　病情较轻者采用非口服方式给药，用药 1～2 天，并提供充足的水。如果持续呕吐，非口服摄取限制应该延长 5～7 天或更多，给予动物所需的液体要采用非胃肠道给予方式。对于病情严重者，如果患猫呈现血压较低时，采用快速注入乳酸林格氏液或 0.9% 的生理盐水，治疗最初 1～2 小时的剂量应为每千克 30～40 毫升。当症状稳定后，充分排尿，给药维持体液比率逐渐达到每千克体重 60～120 毫升，22～23 小时为 1 周期。静脉内维持溶液由氯化钾（每日每千克体重 3～5 毫摩尔）、复合维生素 B 和 2.5%～5% 葡萄糖组成。严重血液蛋白不足时，应给予新鲜血浆治疗。

如果持续呕吐，早期可使用甲氧氯普胺，推荐剂量为每千克 0.2～0.4 毫克，皮下注射，每日 3～4 次，或每日每千克 0.1～0.2 毫克，连续静脉注射。如果患有各种并发症，如败血症、尿道感染、肺炎等疾病时，要用广谱抗生素治疗。同时，要静脉注射葡萄糖盐水、维生素 C、维生素 B_1 等。用阿托品肌内注射抑制胰腺分泌，用吗啡或杜冷丁肌内注射止痛。同时肌内注射广谱抗菌药。

（2）预防措施　在日常的饲养管理中避免长期给猫食用高脂肪食物。另外对容易诱发本病的高脂血症、甲状腺功能减退、糖尿病、胆管疾病、中毒病、胆汁返流胰管等疾病，要及时进行治疗。

九、便秘

猫便秘是由于肠蠕动机能障碍，肠内容物不能及时后送而滞留于大肠内，水分进一步吸收，内容物变干变硬，致使排粪过少或排粪困难的现象。便秘是猫的常见病。猫对便秘都有较强的耐受性，有的猫便秘发生数天，临床上并无明显异常，仅见食欲减退，活动性减少。

1. 病因

（1）食物和管理因素　含有过多的肉类、动物肝脏或碎骨等难以消化的食物滞留在肠腔内；食物中混有泥沙、毛发或线绳等异物，易与粪便混合纠缠在一起，难以顺利地通过肠腔；饮水不足，缺乏运动等，均是引起便秘的常见因素。

（2）直肠后段受阻　患前列腺炎或前列腺肥大、会阴疝、直肠息肉、肛门囊病等，排粪受到机械性挤压而受阻。

（3）排粪姿势改变　受车辆冲撞、从高处坠落或受钝性物打击，常造成腰荐部脊髓损伤、髋关节脱位、骨盆或肢体骨折。其中腰荐部脊髓损伤不仅使正常排粪姿势改变，而且肛门括约肌丧失排便反射，是宠物发生便秘的常见原因。

2. 临床症状

猫腹部膨大，屡见排粪姿势而未见粪便排出，或仅见少量干硬粪球，粪便颜色呈现深棕色或类似于黑色。数天后精神不振、食欲减退或废绝。

3. 诊断

腹部触诊，直肠增粗，内有大量干硬粪球。X线检查，直肠明显增粗，内有高密度的硬粪影像。

4. 防治

（1）防治原则　原则上应该对症下药，根据猫便秘的原因来选择合适的治疗方法。例如，多为猫准备一些膳食纤维更为丰富的食物，准备更多的饮水让猫随时可以饮用。避免猫上火，或者吃不干净的东西而造成肠胃功能紊乱。

（2）单纯性便秘　可投服泻剂，辅以灌肠，如应用植物油、石蜡油等。

（3）习惯性便秘　饲喂含纤维丰富的商品化食品，同时增加运动和饮水。

（4）严重秘结　采用手术疗法，取出干硬粪便。并用温生理盐水检查梗阻肠段的活力。如果肠管坏死，则需要手术切除坏死肠段。

第三节　猫神经系统疾病诊疗

一、日射病及热射病

日射病是指动物在炎热季节中，头部受到日光直射时，引起脑及脑膜充血和脑实质的急性病变，导致中枢神经系统机能严重障碍的现象。

热射病指在潮湿闷热的环境中，新陈代谢旺盛，产热多，散热少，体内积热，引起严重的中枢神经系统紊乱现象。又因大量出汗、水盐损失过多，可引起肌肉痉挛性收缩，故又称为热痉挛。实际上，日射病、热射病及热痉挛都是由于环境中的光、热、湿度等物理因素对动物的侵害，导致体温调节功能障碍的一系列病理现象，故可称中暑或热卒中。

1. 病因

在直接阳光下，环境温度30℃以上，相对湿度大，无风，缺乏通风和遮阳设备，加上饮水缺乏，体热散发受限制，从而不能维持机体正常代谢，体温升高而致病。此外，心血管、泌尿生殖系统疾病以及过度肥胖均可阻碍热散发促进本病的发生和发展。

2. 主要症状

突然发病，体温急剧升高（41～42℃），呼吸急促以至呼吸困难，心跳加快，末梢静脉怒张，恶心、呕吐。黏膜初呈鲜红色，逐渐发绀，瞳孔散大，（随病情改善而缩小）。如治疗延误，很快出现衰竭、头部震颤、全身痉挛，然后进入昏迷。如发生脑水肿，并有脑血管破裂而引起脑出血者，则因中枢神经系统机能部分遭致破坏，直到血管运动中枢和呼吸中枢麻痹而死亡。

临床病理：Ht 值明显升高（65%～75%）。高热引起严重的中枢神经系统及循环系统变化。剖检可见大脑皮层浮肿、神经细胞被破坏等。

3. 防治措施

（1）治疗措施　将患病动物转移到阴凉处，用冷水浇头部或灌肠。酌情给予强心剂、注射葡萄糖生理盐水对本病的急救与恢复均有一定作用。

（2）预防措施　炎热季节应有遮阳设备并加强通风，供应足够的饮水，必要时可给猫洗澡降温。

二、脑震荡及脑挫伤

脑震荡及脑挫伤是由于颅骨受到钝力的冲击、冲撞或打击，致使脑神经受到全面损害，出现昏迷、反射机能减退和消失等脑机能障碍现象。其中有明显的形态变化者为脑挫伤，无可见形态变化者为脑震荡。

1. 病因

主要由于打扑、冲撞、跌倒、坠落、交通事故而引起。

2. 主要症状和病理变化

由于脑震荡轻重程度与脑挫伤部位和病变的不同，其临床症状及特征也不一样；一般均有脑症状，并且在病的发生时立刻出现，亦有在发病后的几分钟至一刻钟左右出现。

（1）脑震荡　病情轻者，站立不稳，踉跄倒地，失去知觉，经过片刻，又清醒过来，仍如健康状态；也可能短期乃至持续地呈现某些脑症状。病情重剧者，瞬间倒地昏迷，知觉和反射减退或消失。瞳孔散大，呼吸缓慢，有时发哮喘音；脉搏增数，脉律不齐，有时呕吐，大小便失禁。经过几分钟至数小时后，苏醒过来，反射兴奋性恢复，肌肉抽搐和收缩性不断增强，眼球震颤，动物抬头，经过多次挣扎，终于站立。

（2）脑挫伤　除同脑震荡一样昏迷，呼吸、脉搏以及知觉、运动和反射机能变化外，由于脑组织受到不同程度的损害，脑循环障碍，脑组织水肿，甚至出血，从而呈现某些局灶性症状。通常在意识障碍恢复后，可能发生痉挛、抽搐、麻痹、瘫痪，间或呈癫痫状发作，比较多见是偏瘫，有时呈交叉性偏瘫。

3. 诊断要点

本病主要根据病史、发病原因及其发病情况，结合临床症状进行分析和论证，最后作出诊断。

4. 防治措施

（1）治疗措施　加强护理、镇静安神、保护大脑皮层、防止脑出血、降低颅内压，促进脑功能恢复。

① 加强护理：使动物保持安静、将头抬高，用水袋冷敷。

② 防止脑出血：可用 6-氨基乙酸（EACA）2～3 克，或抗血纤溶芳酸（PAM BA）50～100 毫克，加入 10％葡萄糖溶液中，静脉注射，2～3 次/日。维生素 K_3、止血敏、安络血等也可酌情使用。

③ 降低颅内压，防止脑水肿：可用 25％～50％葡萄糖溶液或 20％甘露醇、25％山梨醇等药。同时尚可应用氨茶碱、安钠咖或双氢克尿噻类强心、利尿剂。

④ 促进脑细胞功能恢复：昏迷时间较长者，可酌情用细胞色素 C10～20 毫克，加入 25％葡萄糖溶液中，静脉注射。恢复期可用三磷酸腺苷 10～20 毫克，肌内注射治疗。

⑤ 对症治疗：当发生痉挛、抽搐或兴奋不安时，可给予氯丙嗪、安溴注射液、安乃近等药。当合并感染、体温升高时，给予抗生素；遗留后遗症，宜对症治疗。

（2）预防措施　加强管理，防治猫发生跌打、头部撞击等机械性损伤。

三、脑炎

脑炎通常指由于受传染或中毒性因素的侵害，引起的脑膜与脑实质的炎症。多数在脑实质中形成非化脓性炎性病灶，少数有化脓性病处出现。

1. 病因

一类是对神经系统有特殊亲和力的嗜神经性病毒，如猫狂犬病病毒、阿氏病伪狂犬病毒、猫瘟热病毒等。另一类属细菌感染的由李氏杆菌、钩端螺旋体等。这些病原沿不同途径侵至脑组织或脊髓，也有只波及脑膜的（称为脑膜炎），如细菌、毒素、异种蛋白等。此外，某些有毒化学物质（如铅）引起的中毒性脑炎、某些寄生虫移行进入脑组织引起的寄生虫性脑炎等。

2. 主要症状和病理变化

（1）主要症状 患病动物表现的临床症状与炎性病灶在脑组织中的位置、大小有很大关系。其中共同症状为不同程度发烧、食欲减少或废绝。常有惊厥、眼球震颤、咬肌痉挛、过度泡沫性流涎。功能性丧失有各种程度的麻痹、共济失调、圆圈运动、轻瘫或瘫痪等。

① 脑症状：昏迷、全身痉挛、体态反常、躺卧不起、无目的的奔跑、冲撞障碍物、攻击行为、狂躁、意识丧失等。

② 延髓症状：延髓神经范围内的麻痹。

③ 脊髓症状：四肢强直性瘫痪或偏瘫、感觉扰乱、排粪和排尿扰乱。

具体病例则有各种不同的组合出现。

（2）病理变化 脑脊髓液中蛋白质与细胞的含量显著增多。化脓性脑炎脑脊髓液中的沉淀物除中性粒细胞外，可见病原微生物。如为病毒或毒素引起可见脑脊液中淋巴细胞增多。

3. 诊断要点

根据一般脑症状和共同症状可作初步诊断，血液学和脑脊液检查有助于进一步确诊。

4. 防治措施

（1）治疗措施 本病目前尚无特殊有效的治疗方法。对于兴奋不安的患病动物，可给予镇静剂，如氯丙嗪、安定、利眠宁等药物。为降低颅内压、防止脑水肿，可用甘露醇和皮质类固醇类药物。抗菌消炎多用青霉素、链霉素、磺胺类药物。患病动物沉郁时可选用神经兴奋剂，如咖啡因、尼可刹米、樟脑等。

（2）预防措施 避免猫接触有毒化学物质，对一些容易引起猫脑炎的猫狂犬病、伪猫狂犬病、钩端螺旋体、弓形虫等疾病要及时治疗。

四、癫痫

癫痫又称神经官能症。是由于某些神经元兴奋性过高，突发或过度重复放电，致使脑机能发生短暂失常。以短时间阵发性连续意识障碍（晕厥），同时反复出现强直性间歇性痉挛为特征，是大脑皮层机能障碍而引起的。

1. 病因

癫痫分原发性和继发性两种。原发性癫痫又称自发性癫痫或真性癫痫。可能因脑组织代谢障碍，大脑皮层受到过度刺激，以致兴奋与抑制过程紊乱而引起。多数人认为是与遗传因素有关。猫由母系比父系更容易遗传给后代。

继发性癫痫又称为症候性癫痫。通常继发于脑及脑膜炎、脑血管疾病，脑肿瘤或结核性新生物、低血糖症、中毒、肝功能降低、电解质失调、循环损害、肾病、寄生虫、过敏反应等均可引起继发性癫痫。

2. 主要症状

癫痫的主要症状是意识丧失和强直性痉挛。猫原发性癫痫由四个阶段组成，先兆期、前驱症状期、发作期和发作后期。先兆期表现不安、焦虑、表情茫然或其他行为改变。前驱症状期，变得安静和知觉丧失。发作期，所有肌群紧张性突然增加，稍后动物倒地，随之所有肌群伴发有节奏的或阵发性痉挛，此时大小便失禁，流涎，瞳孔散大，持续几秒到几分钟。发作后期知觉恢复，但有的神经机能还不能恢复，如视觉障碍、共济失调、意识模糊、抑制、疲劳等，此期可持续数秒到数天。

继发性癫痫的发作可能是原发病的临床症状之一。局部神经障碍时一侧瞳孔无反应，轻偏瘫，表明为颅内疾病。颅外疾病一般不引起局部的神经障碍。癫痫发作是大脑机能障碍的外部表现，而大脑机能障碍表现为对侧眼睛视觉缺失，对侧面部感觉迟钝或表情改变，或向患侧作圆圈运动。如癫痫发作的脑内障碍扩散到整个中枢神经系统时，除大脑外，还可能有中枢神经系统其他部分失调的临床症状。发作停止后，多数病猫可自行起立，但表现虚弱无力，神情淡漠，仍可自由采食。

癫痫发作的间隔时间有长有短，有的一天发作数次，有的间隔数天、数月甚至1年以上。在未发作期间，其行为同健康动物几乎完全一样。

3. 诊断要点

根据晕厥状态和间歇性痉挛的临床表现进行诊断。

4. 防治措施

（1）治疗措施 癫痫发作时，应设法使动物安静；避免外界刺激，固定头部，以防发作时发生意外事故。

原发性癫痫主要用抑制痉挛发作的药物进行对症治疗。扑米酮，皮下注射，每千克体重0.125毫克，分2次注射。苯妥英钠，口服，猫每千克体重0.5～1.0毫克，2次/日，口服。还可用安定，肌内注射或口服。对继发性癫痫，在对症治疗的同时，还应积极治疗原发病。如果全身发作，用地西泮口服，2.5毫克/只，每日3次。

（2）预防措施 避免猫接触有毒有害物质，防止中毒发生。对于容易继发本病的脑炎、脑膜炎、脑血管疾病、脑肿瘤、低血糖症、肝功能降低、电解质失调、肾病、寄生虫、过敏反应等疾病及时治疗。

第四节　猫代谢性及内分泌疾病诊疗

一、肥胖症

肥胖症是由各种原因引起的机体脂肪组织过度蓄积的一种疾病。持续肥胖多可并发糖尿病或肝、胆疾病及循环障碍。

1. 病因

机体的总能量摄入超过消耗所需，过多的部分以脂肪形式蓄积于体内。

（1）品种、年龄和性别因素　12岁以上猫易肥胖，母猫多于公猫；短毛猫等易肥胖。

（2）营养过剩　食物适口性好，摄食过量的同时，运动不足或限制运动等易肥胖。

（3）疾病性肥胖　垂体瘤、甲状腺功能减退、肾上腺皮质功能亢进、下丘脑损伤等内分泌疾病，有呼吸道、肾和心脏疾病等易致肥胖。

此外猫父代肥胖，其后代也易肥胖。公猫去势，母猫卵巢摘除，常发生肥胖。

2. 症状

病猫皮下脂肪丰富，体态丰满，用手摸不到肋骨。食欲亢进或减少，不耐热，易疲劳，迟钝不灵活，不愿运动，走路摇摆，时有骨折，关节炎及椎间盘病严重者呼吸急促，心悸亢进，心律不齐，左心肥大。由内分泌疾病引起的肥胖症还可见特征性的脱毛、掉皮屑和皮肤色素沉积等变化。

3. 诊断

根据外貌症状，结合血脂增高可做出诊断。

4. 治疗

定时定量饲喂，尽量少吃多餐，将 1 天食量分为 3～4 次饲喂，停食期间不给任何食物；减少采食量，只喂平时食量的 60％；喂高纤维、低能量、低脂肪食物；逐渐增加运动量；由内分泌疾病引起的肥胖症要治疗原发病。

药物治疗可试用盐酸苯甲吗啡 5～25 毫克，口服，每天 1～2 次。或羟甲基纤维素钠 0.5～3.0 克，口服，每天 2 次。或 5％的巯丙酰甘氨酸 50～150 毫克，肌内注射，每天 1～2 次。

二、痛风症

痛风症是由于体内嘌呤代谢障碍所产生的一种疾病。大量的尿酸在血液中蓄积，导致关节囊、关节软骨、内脏和其他间质组织尿酸盐沉积，临床上以关节肿胀变形、肾功能不全和尿石症为特征。

1. 病因

主要是因为饲喂了大量的动物内脏、肉屑、鱼粉、大豆粉等富含核酸蛋白质的食物；日粮中维生素 A 缺乏、内服大量磺胺类药物损害肾脏及某些传染病、寄生虫病、中毒病等均可继发本病。另外，痛风发生可能还与遗传有关。

在以上病因的作用下，尿酸新陈代谢发生障碍，血液中尿酸增多而排泄减少，加上体内电解质和酸碱平衡的紊乱，使得过多的尿酸盐沉积在关节周围以及肾脏内而导致了关节的疼痛以及肾病和尿石症。

2. 症状

临床上可见急性发作和慢性经过两类。

急性发作期，多见趾、腕、跗关节发生肿胀、温热和疼痛，体温升高。经过数天或数周后自行消退，以后反复发作并转入慢性经过。慢性经过可见受害关节肿大、肥厚、僵硬和畸形。有的病例关节周围出现痛风石，破溃时可形成瘘管并流出白色尿酸盐结晶。常并发尿结石，引起尿路阻塞，甚至导致肾功能衰竭。

此外，还有少数病例表现营养障碍、下痢、消瘦、增重缓慢等症状，个别还会出现痉挛、抽搐等神经症状。

3. 诊断

根据临床症状，结合饲喂史和实验室检查做出初步诊断。通过X线检查可发现病痛关节面附近骨骺出现圆形或不规则缺损，有时还可发现痛风石等。

实验室检查，白细胞数增多、血沉加快、血清尿酸浓度增高；关节内容物镜检验见细针状或放射状尿酸盐晶粒。

4. 治疗

目前尚无有效治疗方法。

在急性发作期，可用抗炎镇痛类药物缓解症状。保泰松首次剂量 200 毫克，以后 100 毫克/次，6 小时 1 次，直至症状缓解。上述药物无效者，可用泼尼松 2 毫克/千克体重，口服。

慢性期，用排尿酸药，羧苯磺胺（丙磺舒）0.5 克，口服，每天 2 次。抑制尿酸合成药，别嘌呤醇 100 毫克，口服，每天 2～4 次，维持量 100 毫克/天。

严重的关节型痛风，可手术摘除痛风石。

5. 预防

注意动物的饮食结构，减少动物性饲料的摄入，尤其是动物内脏、肉末、鱼类食物，同时适当增加维生素 A 和维生素 B 族。

三、糖尿病

糖尿病是一种常见的内分泌性代谢病。由于胰岛素绝对或相对不足，引起糖代谢障碍和随之发生脂肪、蛋白质等其他物质的代谢紊乱。

1. 病因

猫患糖尿病的诸多因素中，除了有遗传、肥胖、激素异常等因素外，直接原因是胰岛素细胞损伤引起胰岛素分泌不足。

遗传因素引起的猫糖尿病临床上较少见，与某些品种猫的发病有一定的关系。长期营养过量、动物过度肥胖会导致胰岛素分泌减少。某些药物，如类固醇能使肝脏的糖异生作用加强，拮抗胰岛素，减少组织对葡萄糖的利用，使血糖水平升高。氯丙嗪、二苯基乙内酰脲等，也可提高血糖。许多激素，如孕激素、雌激素、促肾上腺皮质激素、肾上腺素等有降低胰岛素的作用，引起高血糖症。机体应激，包括创伤、感染、妊娠及多种急性病，能加强拮抗胰岛素作用的激素分泌，如皮质醇、胰高血糖素、肾上腺素等，从而使胰岛素分泌减少，血糖升高。

胰岛中 B 细胞损伤是糖尿病发生的主要原因，最常见的损伤是慢性胰腺炎、胰腺肿瘤、胰腺萎缩、外伤、手术损伤等持续破坏胰岛 β 细胞，使胰岛素的合成、分泌减少。

2. 主要症状

猫多发生在 5 岁以上的短毛猫。糖尿病的典型症状是"三多一少"，即多饮、多尿、多食和体重减轻以及血糖升高。

发病初期的特征性症状是多尿、引起脱水、代偿性的渴欲增加。然后病情进一步发展，进入酮体期，葡萄糖不能被充分利用，而使食欲亢进，进食量剧增。由于机体内糖代谢发生障碍，脂肪和蛋白质代谢亢进，使得病猫体重减轻，进行性消瘦，易疲劳，喜卧，运动耐力下降。严重者发展为酮酸中毒，此时病猫表现出厌食、沉郁、顽固性呕吐、脱水、呼吸急促、呼出气体带有烂苹果味，最后陷入糖尿性昏迷。尿中丙酮阳性，血液酸碱平衡失调。糖尿病病猫，一般肝脏肿大，由于高血糖，导致约 50% 的患猫发生星状白内障而失明。

3. 诊断要点

根据"三多一少"的特征性症状及尿糖呈强阳性，血糖升高达 8.4 毫摩尔/升以上（正常值为 3.9～6.2 毫摩尔/升），可确诊。

对处于高血糖无尿糖的潜在性糖尿病的猫，或尿糖和血糖值变化不明显没有家族性尿糖的猫，可做葡萄糖耐量试验。具体步骤是：试验前禁食 24 小时，按每千克体重 1.75 克葡萄糖溶解后投服，口服前及口服后 30、60、90、120 和 180 分钟分别测定其血糖，正常猫在口服葡萄糖后 30～60 分钟后血糖达峰值，60～90 分钟后恢复到正常范围，病猫口服葡萄糖 60 分钟后，血糖一般超过 150 毫克/100 毫升，并持续较长时间才下降。

4. 防治措施

（1）治疗措施　治疗的原则是纠正代谢紊乱，消除临床症状，保证幼猫正常发育，预防各种并发症，减少死亡率。

症状较轻的病例，可喂低脂肪食物，禁糖，充分供水，如果饮水减少，则说明有疗效。氯磺丙脲能直接刺激胰岛 B 细胞释放胰岛素，降低血糖，用药量每千克体重 2～5 毫克，1 次/日，降糖灵可促进周围组织对葡萄糖的利用，每天口服 20～30 毫克。

对重症猫可用中性鱼精蛋白锌胰岛素和鱼精蛋白锌胰岛素等。前者皮下注射后 1～3 小时起作用，4～8 小时血中浓度达高峰，维持作用时间为 12～24 小时；后者皮下注射后 3～4 小时发挥作用，14～20 小时达高峰，作用时间为 24～36 小时。猫为每千克体重 0.25 微克。

当出现酮酸中毒时，应用碳酸氢钠纠正酸中毒。为了补充丢失的液体，可通过静脉补液，补液量应根据体液丢失量和维持需要量计算。为防止发生脂肪肝，食物中可每天加入氯化胆碱 0.5～2.5 克，也可添加胰蛋白酶和胆盐。另外，糖尿病还可影响母猫的发情和怀孕，因此在控制病情后，可考虑全部切除子宫和卵巢。

（2）预防措施　加强饲养管理，防止猫营养过剩和过度肥胖。

第五节　猫中毒性疾病诊疗

一、有机磷中毒

有机磷药物是磷和有机化合物合成的一类农用杀虫剂的总称。在兽医临床上，常作为体外抗寄生虫药物使用，农业种植中常用来杀灭害虫。有机磷中毒是动物由于接触、吸入或采食某种有机磷制剂所引起的病理过程，以体内的胆碱酯酶活性受抑制，导致神经及生理机能紊乱为特征。有机磷农药应用很广，引起中毒的农药种类也很多。其中常见的有敌敌畏、敌百虫、乐果、三硫磷、马拉硫磷、内吸磷、倍硫磷、久效磷、乙硫磷等 30 余种。猫对有机磷杀虫药比较敏感。

1. 病因

这些化学物质作为灭杀昆虫和动物体外抗寄生虫的驱虫药物，如使用时方法不当、用量过大或由于误食混入上述药物的食物或饮水，可造成猫中毒，猫尤其敏感。有机磷农药属于强烈的接触毒，具有高度的脂溶性，可经完整的皮肤渗入机体，而且通过呼吸道和消化道的吸收较为快速且完全。动物中毒以经消化道吸收中毒最为常见。这类药物进入机体后，与胆碱酯酶结合，产生对位硝基酚和磷酰化胆碱酯酶。磷酰化胆碱酯酶则为较稳定的化合物，仅可极缓慢地发生水解，且经常长时间后还可能变得不可逆，以致无法恢复其分解乙酰胆碱的作用，从而抑制了该酶活性，使体内的乙酰胆碱大量蓄积，导致副交感神经过度兴奋。

2. 临床特征与表现

猫有机磷药物中毒时，中毒轻重受毒物进入机体的途径、药物摄入量和个体敏感性不同的影响，临床症状表现也不完全相同。中毒症状多在毒物进入机体后几小时内出现。急性中毒表现为呼吸困难、呼吸衰竭，最后死于呼吸麻痹。临床上将其归纳为毒蕈碱中毒型、烟碱中毒型和中枢神经系统中毒型三类。其主要症状为食欲不振、大量流涎、流泪、呕吐、腹痛、腹泻、多汗、大小便失禁、呼吸困难、咳嗽、呼吸道分泌物增多、支气管缩小、结膜发绀；骨骼肌痉挛性抽搐、震颤、血压升高，继而麻痹、共济失调；中毒动物常嗜睡、倦怠、呕吐和瞳孔缩小，视力减弱或消失、精神沉郁，甚至昏迷。如不及时抢救，多因呼吸障碍而死亡。

3. 诊断

根据临床症状，对呈现有胆碱能神经过度兴奋现象的病例，特别是表现为流涎、瞳孔缩小、肌纤维震颤、呼吸困难、血压升高等综合征者，均需列为可疑病例，根据猫是否有与有机磷化合物接触可作初步诊断，亦应测定其胆碱酯酶活性，必要时更应采集病料进行毒物检验，以最终确诊。同时也应根据本病的病史、症状、胆碱酯酶活性降低等特点同其他疑似病相区别。

4. 治疗

治疗原则是以切断毒源、阻止或延缓机体对毒物的吸收、排出毒物、运用特效解毒药和对症治疗为主。首先应该切断毒源，停止毒物的继续摄入或接触；对于因皮肤接触引起的中毒，可用清水充分冲洗接触部位的毛发和皮肤，避免继续吸收加重病情；因口服引起的中毒，未超过 2 小时的可用催吐剂催吐或洗胃，同时配合吸附剂促进毒物的排出。

（1）催吐洗胃

[处方 1] 0.2%～0.5%硫酸铜，内服。猫：0.05～0.1 克/次，内服。

[处方 2] 1%硫酸锌，0.2～0.4 克/次，内服。

[处方 3] 0.1%～0.2%高锰酸钾，20～50 毫升灌肠洗胃。

[处方 4] 活性炭，吸附有机磷杀虫药使之从粪便中排出。3～6 克/千克，内服。

[处方 5] 硫酸阿托品，阻断乙酰胆碱的毒蕈碱样症状。0.2～0.5 毫克/千克，1/4 静脉滴注，剩下的皮下注射/肌内注射。

（2）特效解毒药

[处方 1] 氯解磷定，20 毫克/千克，静脉滴注/肌内注射，每日 2 次。

[处方 2] 双解磷，15～30 毫克/千克，静脉滴注，每日 2 次，到症状减轻。

（3）辅助治疗　呕吐、腹泻严重者需静脉输液治疗。加强肝脏

解毒功能　使用保肝药，适量静脉滴注葡萄糖液、维生素 C、葡醛内酯（肝泰乐）等。发生肺水肿时，静脉滴注高渗葡萄糖液。出现呼吸衰竭时，将猫移置于通风处，给予镇静剂、强心剂、呼吸兴奋剂等进行治疗。

二、氨基甲酸酯中毒

氨基甲酸酯应用很广，在许多杀虫剂成分中均含有它。其中常见有卡巴肿、灭多虫、残杀威、涕灭威、呋喃丹。

1. 病因

主要是由于猫误食氨基甲酸酯中毒的老鼠或受到污染的食物而引起中毒。其作用机理为：氨基甲酸酯类可抑制毒蕈碱受体、烟碱受体、神经肌肉突触处的胆碱酯化酶，而出现与有机磷中毒相似的症状。氨基甲酸酯对胆碱乙酰化酶的抑制作用是可逆的。除涕灭威外，氨基甲酸酯类皮肤毒性弱于有机磷。

2. 临床症状

不同药物，中毒剂量不同。其临床症状及病理变化与有机磷中毒相似，但持续时间要短些。

3. 诊断要点

临床诊断除胆碱酯酶活性测定应在中毒早期进行外，其他与有机磷中毒相似。

4. 防治措施

（1）治疗措施　治疗同有机磷中毒相似。

（2）预防措施　加强饲养管理，避免猫误食被氨基甲酸酯污染的食物。

三、安妥中毒

安妥又称甲-萘硫脲，为白色无臭味结晶粉末，是一种强有力的灭鼠药。猫较敏感，猫中毒剂量为每千克体重 100～200 毫克。

1. 病因

误食毒饵或吞食毒死鼠类而中毒。

2. 主要症状

安妥主要引起肺部毛细血管的通透性加大、血浆大量进入肺组织，迅速导致肺水肿。其主要症状是以呕吐、呼吸困难为特点。误食几分钟至数小时后，出现呕吐、口吐白沫、咳嗽、呼吸困难、精神沉郁、虚弱、可视黏膜发绀、鼻孔流出泡沫血色黏液。有的腹泻、运动失调。后期，张口呼吸，骚动不安。常发生强直性痉挛，最后窒息死亡。

3. 诊断要点

根据病史、症状和剖检可见胃肠道、呼吸道充血，呼吸道内充满带血性泡沫、肺水肿和胸腔积液等变化，可作出初步诊断。有条件也可作安妥毒物分析。

4. 防治措施

（1）治疗措施　无特效解毒药，主要采用一般中毒急救常规治疗。中毒不久给予催吐剂，如阿扑吗啡；给予镇静剂（如巴比妥）以减少对氧的需要，有条件的可以输氧；投予阿托品、地塞米松、维生素 C 等药，以减少支气管分泌物、增强抗休克作用，给予高渗透性利尿剂（如 50% 葡萄糖溶液或甘露醇溶液）缓解肺水肿，也可静脉注射 10% 硫代硫酸钠溶液。另外，亦可采取强心、保肝等措施。

（2）预防措施　防止猫误食毒饵和毒死的死鼠。

四、鼠药中毒

灭鼠灵，又名华法令，属抗凝血杀鼠药，具有良好的抗凝血作用，为白色结晶，性质稳定，难溶于水（但其钠盐易溶于水），是使用较广的杀鼠药之一。本品无臭、无味，一般以 0.025％～0.05％的浓度做成毒饵，鼠类常采食，并将其带回窝中供其他鼠食用，灭鼠效果好。但对猫的毒性也较强，猫的致死量为每千克体重 5～50 毫克。

1. 病因

猫多因误食灭鼠灵毒饵，或食入被灭鼠灵杀死的死鼠而中毒。单次大量或多次低量食入均可发生中毒现象。肝、肾功能不全，仔畜和瘦弱的动物对灭鼠灵的敏感性较高。灭鼠灵在肠中被缓慢地完全吸收，在体内代谢速度缓慢，降解一般需要 2～4 天，代谢物主要由尿排出。由于灭鼠灵所含羟基香豆素的主要结构与维生素 K 很相似，当其进入体内后与维生素 K 竞争生物酶，从而抑制这类生物酶的活性、降低血液凝固性、延长凝血时间，易使患病动物发生广泛性出血。

2. 临床特征与表现

灭鼠灵进入血流后，大部分同血浆蛋白结合而影响凝血酶的转变；使毛细血管通透性增加，抑制凝血因子合成。因此，中毒动物临床表现以内出血和外出血为特征。急性中毒时无任何前驱症状，因内出血而突然死亡，尤其在脑血管、心包腔、纵膈和胸腔发生大出血时，死亡更快。亚急性中毒猫表现为贫血、虚弱，黏膜苍白、结膜、巩膜、眼内、口舌黏膜、齿龈等部位出血；还可出现鼻出血、呕血、尿血、便血；胸内、腹腔内出血时出现呼吸困难；脑出血时出现神经症状，步态蹒跚，共济失调；关节内出血时，关节肿胀，有压痛、跛行；体表大面积血肿，稍有外伤即出现皮下血肿、淤血；病猫后期出现心律不齐、心搏微弱、全身虚脱、抽搐、痉挛、麻痹直至死亡。病程较长者可出现黄疸症状。

3. 诊断

根据临床症状及是否可能接触毒饵或鼠类尸体做初步判断。另注意鉴别中毒后的广泛性出血症状和其他原因所致的出血性疾病相区别。可取生前血浆或死后肝脏及胃肠内容物检验灭鼠灵来确诊。另外，猫食入本品数日内，在尿中可检出灭鼠灵代谢产物。

4. 治疗

对中毒猫应精心护理，保持安静，避免引起外伤，必要时予以镇静；及时应用止血剂维生素 K_1，猫每千克体重 5 毫克，溶于 5％葡萄糖溶液中缓慢静脉注射，每 12 小时注射 1 次，或每日 2～3 次，连用 5～7 天后，改为口服维生素 K_1。维生素 K_1 和维生素 K_3 联合给予可提高疗效。出血严重的猫，可进行输血 20～30 毫升/千克体重，以增加血容量和增强止血功能。输血要用新鲜的枸橼酸血，一半快速注入，剩余一半缓慢注入。此外，可进行必要的对症治疗。呼吸困难者可及时吸氧；出现神经症状者可用镇静药；静脉输注营养液和能量合剂；强心保肝治疗。

五、磷化锌中毒

磷化锌是一种杀鼠力强、价廉的灭鼠药。猫中毒致死量为每千克体重 20～40 毫克。

1. 病因

误食毒饵或已毒死的老鼠而发病。

2. 主要症状和病理变化

（1）主要症状 磷化锌是一种胃毒剂，在胃中与胃酸发生反应，生成极毒的磷化氢直接刺激胃肠黏膜；被吸收进入血液后，分布于全身各组织，即可直接损害血管黏膜和红细胞，发生血栓和溶血，又能导致所在组织细胞变性、坏死，最终由于全身广泛性出血、组织缺氧以致昏迷而死。中毒后，首先出现食欲减退，继而呕吐不止（呕吐物在暗处可发出磷光）。

呕吐物或呼出气体有蒜味或乙炔气味，腹痛不安。呼吸加快加深，发生肺水肿，初期过度兴奋甚至惊厥，后期昏迷嗜睡，此外，还伴有腹泻，粪便中混有血液等症状。

（2）病理变化 死后尸体僵直，气管内有白色胶样分泌物和泡沫，肺血水肿，胃内容物有酸臭的大蒜味，胃黏膜充血、出血、脱落，肝肿大，质脆，肾肿大，心肌出血。

3. 诊断要点

一般根据病史，临床症状（呼吸困难、呕吐等）、剖检变化（肺充血、水肿以及胸膜渗出）和胃肠内容物的蒜臭味可作出诊断。

4. 防治措施

（1）治疗措施 目前尚无特效药，病初可用5％碳酸氢钠溶液洗胃，以延缓磷化锌分解为磷化氢。亦可灌服0.2％～0.5％硫酸铜，与磷化锌形成不溶性的磷化铜，阻滞磷化锌吸收而降低毒性。促使患病动物呕吐，排出一部分毒物。也可用0.1％高锰酸钾洗胃，使磷化锌变为毒性较低的磷酸盐。为防止酸中毒，可静脉注射葡萄糖酸钙或乳酸钠溶液。发生痉挛时给予镇静和解痉药物等对症治疗。

（2）预防措施 加强毒鼠药管理使用，避免猫接触误食，大面积灭鼠时，应将催吐剂配入毒饵中使用。

六、变质饲料引起的中毒

猫食物中毒是指猫采食腐败变质的鱼、肉、酸奶及霉变饲料或有毒饲料后引起的中毒。

1. 病因

所有食物，尤其是肉类、蛋、奶、鱼及其制品等富含营养和水分的食物，在温暖季节极易腐败变质。即使放在冰箱里的食物，时间长了也会变质，变质食物不再适合人类食用，常用来饲喂猫，便会引起中毒。变质食物引起中毒的毒素包括肠毒素、内毒素和真菌毒素等。食物中的链球菌、葡萄球菌、沙门氏菌、大肠杆菌和其他杆菌等，在温暖条件下，能大量繁殖产生肠毒素。猫采食后，肠毒素刺激和腐蚀肠胃上皮，引起损伤和坏死，导致胃肠分泌增多，蠕动增强，甚至出血。发病后 10～72 小时，肠管蠕动变弱，甚至停滞，出现肚胀。在变质食物中繁殖的革兰氏氏阴性细菌，死后溶解，释放出大量性质稳定、耐热的脂多糖性内毒素，进入胃肠道，能引起胃肠炎。内毒素吸收后，引起弥散性血管内凝血、血容量减少和休克。内毒素通常和肠毒素一起引起猫中毒。

2. 临床特征与表现

猫采食变质食物后，由于采食量的多少和食物变质程度的不同，通常会在食入十几分钟或几小时后发病，严重者可在食后 12 小时内死亡。而多数中毒猫精神沉郁，起卧不安，痛苦呻吟，两眼睑红肿流泪，恶心呕吐；采食量较少的猫，呕吐完变质食物后便逐渐康复。严重中毒者，出现腹泻，便中带血，腹壁紧张、触压疼痛。随后肠蠕动变弱，肠内充气，肚腹膨胀，更有利于革兰氏阴性菌生长繁殖，释放内毒素，使病情进一步恶化，甚至发生内毒素性休克。内毒素中毒时，体温常在采食后 2～24 小时内升高到 39℃以上，同时发生呕吐、腹泻、排水样便。腹部胀大，腹壁紧张，触压疼痛。毛细血管充盈时间延长，心跳增快，脉搏变细弱，精神委顿，最后休克。

3. 诊断

根据临床症状和食入食物是否变质等病史可做初步诊断，确诊需对食物进行实验室检验。

4. 治疗

治疗原则是停止饲喂腐败变质食物、催吐、抗菌消炎和其他对症治疗。

（1）发病初期，立即停喂腐败变质食物，出现呕吐的猫，先不要止吐，等其将已食入的变质食物呕吐完后，才可应用止吐药；未出现呕吐的猫，要尽早进行催吐或洗胃。止吐药物可用盐酸苯海拉明，猫每千克重肌内注射 0.5～2 毫克，口服每千克体重 2～5 毫克，每天 2～3 次；或每千克体重苯海拉明 1～1.5 毫克，肌内或皮下注射。应用止吐药物的同时，还应使吸附剂或洗胃，如药用炭，每千克体重 10～20 毫克，每天 3 次，洗胃或口服；白陶土，每千克体重 10～15 毫克，每天 3 次，口服。

（2）腹泻初期，不要止泻，待肠内容物基本排完，方可使用止泻药物，如硫酸阿托品，猫每千克体重 0.5 毫克，皮下或肌内注射。由于呕吐和腹泻引起的脱水和酸碱平衡失调，需静脉输液，补充水分和电解质，调节酸碱平衡失调。在少尿或无尿时，输液中加入甘露醇每千克体重 1～3 克。

（3）为了防止肠道内细菌继续生长繁殖，产生毒素，应口服广谱抗生素，如庆大霉素、氯霉素或四环素等。

（4）防止猫休克，可应用皮质类固醇药物，如肌内注射地塞米松磷酸钠注射液，猫 0.125～0.5 毫克，根据病情间隔 1～4 小时可重复应用，或应用强的松或强的松龙。

第六节　猫眼耳疾病诊疗

一、结膜炎

结膜炎是猫眼病中最常见的疾病之一。其临床特征是结膜充血、水肿、眼分泌物增多。

1. 病因

结膜内含有丰富的毛细血管、感觉神经末梢和多量的淋巴细胞，对内在或外来刺激极其敏感。常见的病因有机械性、化学性、感染性和过敏性病因几种。

（1）机械性病因　由眼睑内翻、外翻、睫毛生长排列不整齐，或泪管闭塞时，或结膜异物刺激和外伤等机械性因素所引起。猫结膜炎大部分是这些因素引起的。

（2）化学性病因　在给动物洗澡或体表驱虫时，化学药品（例如被毛清洁剂或驱虫剂）误入眼内，容易引起急性结膜炎。

（3）过敏性病因　给某些动物注射疫苗、结膜囊滴用毛果芸香碱或新霉素眼药水可能引起过敏性结膜炎。但临床上不多见。

（4）感染性病因　常见于多种传染病的经过中。细菌感染多继发于结膜受机械、化学或其他因素作用之后，如见于结膜损伤或病毒性结膜炎。

2. 主要症状和病理变化

（1）主要症状根据临床特点，可分以下几种类型。

① 黏液性结膜炎。是最常见的一种类型。急性型见患眼羞明、流泪、结膜充血、肿胀、不断流出浆液性分泌物。慢性型结膜充血和轻微水肿，分泌物较少，随着病程延长，结膜可能增厚。

② 化脓性结膜炎。眼内流出脓性分泌物，常使上下眼睑粘在一起。化脓性结膜炎常波及角膜而形成溃疡。如炎症较重或持续时间较长，可发生结膜坏死、眼球粘连等。如出现慢性化脓性结膜炎，临床症状更趋明显。患病动物羞明，流出脓性分泌物。结膜呈天鹅绒状，严重者继发溃疡性角膜炎。

③ 滤泡性结膜炎。当结膜长期受到刺激时，易引起结膜上皮下淋巴细胞的增生，结果在结膜和瞬膜表面出现多数小而圆、色泽苍白发亮的滤泡，同时伴有较多的浆液性或黏液性分泌物。

④ 伪膜性结膜炎。在结膜和瞬膜表面经常覆盖一层由炎性细胞、纤维蛋白和黏液构成的灰白色不透明薄膜，称为伪膜。伪膜易于分离，剥离伪膜后，结膜可能有轻微出血。眼的症状和病理变化较轻。

（2）实验室检查　急性炎症期中性粒细胞增多。慢性炎症期出现淋巴细胞和浆细胞。衣原体感染时，结膜上皮细胞质内有包涵体。支原体感染的姬姆萨染色标本，可见与结膜上皮细胞的原生质膜密切连接着的球菌或杆菌状的嗜碱性小体。

3. 诊断要点

（1）对于机械性或化学性刺激引起的结膜炎通过询问病史和仔细的眼部检查可作出诊断。

（2）细菌、衣原体或支原体引起的结膜炎最初发生在一侧眼，大约1周后另一侧眼发病，有时在结膜和瞬膜表面分别有滤泡或伪膜形成，应用四环素治疗有效。

（3）病毒性结膜炎多表现双眼同时发生，通常伴有上呼吸道感染症状；疱疹病毒能引起猫角膜溃疡，应用疱疹净治疗有效。

（4）对于过敏性结膜炎在应用肾上腺皮质激素药物治疗后，临床症状和病理变化迅速得到改善。

4. 防治措施

（1）治疗措施

① 由物理或化学性因素刺激造成的结膜炎，应首先去除病因。若尚未损伤角膜组织的可向结膜囊内涂布 0.05% 氟美松眼膏，1～3 次/日；酸碱侵入时，要彻底洗眼 5～10 分钟。

② 由过敏性引起的结膜炎，在除去致病源后，用硫柳汞点眼 5～6 次/日。或用硫酸亚铅液点眼，3～5 次/日；并视情况可选用广谱抗生素。

③ 急性结膜炎充血严重时，应用 3% 硼酸水或生理盐水洗眼，洗眼时检查结膜囊和瞬膜后面有无异物存在。疼痛严重可用 2% 可卡因点眼。慢性结膜炎时可对患眼热敷（患区热敷），局部用较浓的硫酸锌或硝酸银溶液点眼。对于顽固化脓性炎，应选用 1% 碘仿软膏涂布，同时用普鲁卡因青霉素于眼底封闭。

（2）预防措施　加强饲养管理，避免猫眼结膜受到机械性、化学性物质的刺激，对诱发本病的细菌、病毒性感染疾病，要及时治疗。

二、角膜炎

角膜炎是猫的一种常见病、多发病，是以角膜组织的病变为主并伴有结膜炎和前色素层炎的一种炎症。

1. 病因

浅表性角膜炎是由于角膜直接受外来因素刺激（如结膜囊异物、角膜外伤）或继发于多种眼病（如眼缺损、内翻、睫毛异常、泪液缺乏、眼球突出、结膜炎等）而引起。

间质性角膜炎：是角膜深层的炎症，往往由眼内感染引起（如恶性卡他热疾病的经过中）。

溃疡性角膜炎：又称角膜溃疡。浅表性角膜溃疡的病因与浅表性角膜炎相同，但作用强烈、持久，深在性角膜溃疡大多由细菌感染因素而引起。

2. 主要症状和病理变化

（1）外伤性角膜炎　在角膜表面可见外伤痕迹，损伤部位粗糙不平。角膜上皮下血管形成和表面混浊是本病的突出特征，随着炎症发展，角膜内黑色素沉着，视力受到损害。角膜形成溃疡时，表现羞明流泪，视力模糊，角膜呈淡黄色或纯黄色混浊。大面积溃疡时，可见角膜白斑翳，甚至造成角膜瘘管。

（2）内在炎性刺激引起的角膜炎　不引起溃疡变化，角膜深部的结缔组织增生，使角膜混浊不清。当角膜穿孔时，房水急剧涌出，虹膜可被冲至伤口处，引起虹膜局部脱出、虹膜与角膜粘连、瞳孔缩小。

这类型的角膜炎，不引起溃疡变化，由于浸润的细胞过多，引起角膜内部压力增高，造成角膜营养和代谢障碍，产生组织坏死，从而引起角膜深部的结缔组织增生，使角膜混浊不清

3. 诊断要点

通过临床症状可以诊断。荧光素染色，可根据染成绿色的部位确定组织缺损程度。

4. 防治措施

（1）治疗措施

① 浅表性角膜炎治疗。首先除去病因，然后用醋酸氢化可的

松药水或四环素可的松眼膏，4～6 次/日。还可以用 0.5％盐酸普鲁卡因溶液 2 毫升溶解青霉素钾 5 万～10 万单位，与醋酸强的松龙混悬液 2 毫升混合后作结膜下注射。对于干性角膜炎可口服维生素 A、维生素 B 族、维生素 C、维生素 D，当色素沉着影响视力时，可在炎症得到控制的情况下施行浅表性角膜切除术，术后用四环素眼膏涂抹。

② 溃疡性角膜炎治疗。首先应消除机械性刺激，然后交替应用硫酸阿托品眼膏和四环素眼膏，配合结膜下注射庆大霉素 10～20 毫克。对于猫角膜溃疡滴用 2％～5％灭菌氯化钠溶液。对于深在性角膜溃疡，最好滴用 5％～10％乙酰半胱氨酸溶液以抑制胶原溶解，同时应用瞬膜瓣保护角膜，保留 2～4 周。

（2）预防措施　加强饲养管理，避免猫角膜直接受外来因素刺激，对继发本病的多种感染性眼病，要及时治疗。

三、外耳炎

外耳炎系指外耳道的炎症（有时包括耳郭的炎症）。特别在炎热、阴雨的夏季，猫的外耳炎更容易发生。外耳炎多发生于耳下垂和长毛的猫种。

1. 病因

① 机械性因素引起，如摩擦、搔抓而继发感染。

② 异物引起，如纤细的草芒、毛发、泥土、昆虫等异物对耳道皮肤产生刺激，引起耳道感染。

③ 由于小型长毛猫耳道结构异常狭小，如上耳部被毛很长，易造成外耳道内部与外界空气流通不足，耳道内部过度温暖和潮湿。温暖潮湿的环境，常常是真菌等微生物的发病条件，在这些外界因素作用下，常引起外耳炎。

④ 寄生虫引起，耳痒螨是常见病原。螨寄生并刺激外耳道和耳郭、耳郭周围皮肤的湿疹蔓延等，均可诱发本病。

2. 主要症状

病初，外耳道的皮肤充血、水肿、温热、瘙痒，耳道内皮肤渗出淡黄色浆液性分泌物，分泌物从耳道内流出而黏附于耳下部的被毛上。病猫表现不安，不时摇头抓耳、嚎叫等。

病情发展加重时，外耳道皮肤肿胀加剧，或出现脓疱，或皮肤发生局限性坏死；耳道内流出棕黑色、恶臭脓性分泌物。由于分泌物常黏附于耳根部被毛上，导致被毛脱落或发生皮炎，使患病动物痛苦不安、食欲降低、体温有时升高、听觉降低等。

3. 诊断要点

（1）局部检查　局部检查时，首先进行耳道冲洗，再用检耳镜检查耳道（包括检查耳郭、耳道外口、分泌物类型、耳道管腔大小、耳道内膜及鼓膜变化）。

（2）了解病史　了解病史后可进行分析。如单耳疼痛、病程缓慢、有脓性耳瘘可能是耳内肿瘤。又如，单耳突然发病、患病猫拼命搔抓耳朵，常表明有异物如芒刺进入耳内等。

（3）通过耳垢和分泌物的性状也能初步确认病原体（如耳垢易碎、呈黄褐色则为酵母菌或变形杆菌感染，如耳垢呈淡黄色水样脓性分泌物，并有恶臭则为假单胞菌感染）。

另外，耳螨感染时，可在耳道内找到螨虫。

4. 防治措施

（1）治疗措施

① 急性非化脓性外耳炎治疗。脱脂棉球塞外耳道→剪去耳根部及外耳道处被毛→冲洗外耳道（用生理盐水、0.1％新洁尔灭或

用3％过氧化氢液）→取出棉球（吸取冲洗液），检查外耳道深部（用耳镜），并取出深部的异物、耳垢或组织碎片等→药物涂擦外耳道（用硼酸甘油或鞣酸甘油，均为1：20），1～2次/日。

② 化脓性外耳炎治疗。具体方法和过程同非化脓性外耳炎，在用药时注意改用抗生素软膏（如金霉素、红霉素软膏）挤入耳道内。化脓严重时，可每天冲洗1～2次，耳道每天涂抗生素软膏。

③ 对寄生虫性外耳炎治疗。应用杀螨剂滴入耳道内，或涂布保护收敛剂4％氧化锌等，1次/日。

④ 耳道增厚慢性病例治疗。先用碘膏使皮肤增厚消失，除去皮肤上的疣状物，再涂布磺胺粉或消炎软膏。分泌物较多时，可撒布滑石粉或淀粉与磺胺粉的等量混合物。

（2）预防措施　加强饲养管理，避免猫耳部受到机械性和异物性刺激。对诱发本病的真菌性耳炎、寄生虫性耳炎和细菌感染等病症，要及时治疗。

第三章

猫常见外科、产科病诊疗技术

第一节　猫外科病诊疗技术

一、创伤

创伤是由于各种外力（如机械的、物理的、化学的因素）的作用造成皮肤或黏膜以至深部组织发生开放性损伤。临床上主要表现为出血、疼痛和机能障碍等。

1. 病因

车辆碾压或挤压、棍棒的打击、锐性物体的刺入、锐利刀片类切割、枪弹致伤、摔跌等。

2. 主要症状和病理变化

（1）新鲜创　创伤后一般都有出血、哆开、疼痛和机能障碍等症状。创口开大小和疼痛的程度以及出血量的多少，取决于创伤的部位，组织的性状，神经血管的分布，致伤物体的性质、速度和受伤的程度。如果创伤面积大、创道深、部位要害，则可因疼痛剧烈、失血过多而引起全身性反应，如黏膜苍白、脉搏微弱、呼吸急促、冷汗淋漓、四肢发凉，甚至出现休克以至死亡。

（2）感染创　创伤被细菌感染会引起明显的感染症状，如创伤局部肿胀、增温、疼痛，创腔内有脓汁，创围有脓痂。如有机体吸收了坏死组织的分解产物和细菌毒素，往往会引起全身性反应，严重时感染扩散引起全身性、化脓性感染，即败血症。

（3）肉芽创　由于炎症反应和感染化脓逐渐缓和并消退，创内出现新生的芽组织。肉芽表面黏附少量黏稠、灰白色的脓性分泌物。

3. 诊断要点

根据临床症状和病例变化综合诊断。

4. 防治措施

（1）治疗措施　本病的治疗原则为一要彻底处理创伤。这不仅为组织再生创造条件，而且可促进创伤愈合。二要防止创伤感染。尤其对手术创和新鲜污染创应预防感染，对感染创则着重消除感染和防止中毒。三要正确处理好局部与全身的关系。根据创伤的严重程度，如大出血、组织挫伤严重等，必须考虑从全身状态出发和处理局部创伤着手，在处理局部创伤的同时，应注意全身的治疗。另外，需加强饲养管理，增强机体抵抗力，防止创伤并发症。

（2）新鲜创治疗

① 如创伤仍在不断出血则应首先止血。止血方法很多，可用压迫、钳夹、结扎或注射止血药等方法。

② 清洁创围及创口防止感染。清洁创围时用灭菌纱布覆盖创面后除去创围被毛及血痂，然后用70％酒精和2％碘酊消毒创围皮肤，用肥皂水或消毒液洗刷创围之外的皮肤；注意勿使清洗液流入创内，洗净后用灭菌纱布擦干；揭去覆盖的纱布块；创口需要用3％过氧化氢液或0.1％新洁尔灭溶液清洗，再用生理盐水冲洗，用灭菌纱布擦干创口皮肤，用2％碘酊和75％酒精涂擦创口及其周

围皮肤。

③ 清创。首先用生理盐水冲洗等方法除尽创面上的异物、血凝块和积液，用手术器械切除坏死组织、消灭创囊、疏通引流、修整创缘，然后用0.1%新洁尔灭和生理盐水清洗创腔；为使清创顺利，可事先给予创伤局部麻醉或全身镇静、镇痛。

④ 闭合创口。对于受伤6小时内、污染轻或清创彻底的创伤，可在清创后创面涂布酒精、碘酊等消毒剂，一次缝合创口；对受伤时间长、污染严重的创伤，清创后撒布青霉素粉或灌注青霉素液，也可撒布磺胺粉、1∶9碘仿磺胺粉、1∶9碘仿硼酸粉；以后创口部分缝合，设引流口。

⑤ 包扎创伤。一次完全缝合的创伤要包扎，部分缝合的创伤不做严密包扎。

（3）感染创治疗　凡是超过12～24小时未及时处理的创伤，首先应控制感染，尽快消除感染因素，保证引流通畅，使脓汁彻底排出。

① 洁创围及创口：与新鲜创处理相同。

② 冲洗创腔用防腐液冲洗创腔，直至将脓汁冲洗干净为止。常用防腐药如0.1%新洁尔灭、0.02%～0.05%洗必泰、0.1%雷佛奴尔、0.1%高锰酸钾、3%过氧化氢、2%～4%硼酸或2%乳酸对铜绿假单胞菌、大肠杆菌等有效。

③ 腔处理扩大创口，切除坏死组织，清除深部异物、碎骨片等，消除创囊以利排脓。若排脓不畅，可在创腔最低处的皮肤上切口作一对应孔，使脓汁畅通流出。

④ 急性化脓阶段创内用药和引流常用3%～10%氯化钠或10%硫酸钠。当急性炎症减退、化脓现象减少时，可用魏氏流膏（松馏油5毫升、碘仿3克、蓖麻油100毫升）、磺胺乳剂（氨苯磺胺5克、鱼肝油30毫升、蒸馏水65毫升）灌注或引流。然后行开

放疗法，同时注意配合全身治疗。

（4）肉芽创治疗 为了促进肉芽组织生长，保护肉芽组织不受损伤和继发感染，加速上皮新生，建议使用刺激小的流膏、乳剂、油剂类药物。经常采用生理盐水冲洗创面后，用 10％磺胺鱼肝油涂布，也可用磺胺软膏、青霉素软膏等。

肉芽快要长平时，可用氧化锌软膏，或涂布 2％龙胆紫液。若肉芽生长过度时，可切除赘生肉芽或用高锰酸钾粉腐蚀。上皮缺损过大则可采取植皮手术或上皮成形术帮助上皮生长。

（5）全身治疗 若出血过多时应及时输血输液。创伤损伤严重、污染亦很严重时应使用抗生素预防感染。创伤已感染且炎症剧烈的应注射抗菌药和强心解毒药。

（6）中药治疗 可用"防腐生肌散"：枯矾 30 克，陈石灰 30克，血竭 15 克，乳香 15 克，没药 25 克，煅石膏 25 克，铅丹 3克，冰片 3 克，轻粉 3 克。水煎服，每次 5～10 毫升，连用 3～5 天。

（7）预防措施 加强管理，防止猫发生被车碾、棍棒打击、锐物刺入、摔跌等机械性损伤。

二、烧伤

烧伤系高温作用于机体引起的组织损伤。猫常发生烧伤。

1. 病因

（1）蒸气、火焰（猫误跳入火炉或电炉）引起的烧伤。

（2）猫撕咬电线引起电线短路产生热，遭受严重的烧伤。

（3）液体（开水或热油）意外地洒在猫身上而引起烧伤。

2. 主要症状和病理变化

临床上烧伤主要分Ⅰ型烧伤和Ⅱ型烧伤两种。

（1）Ⅰ型烧伤 仅皮肤表皮遭受损伤，如被毛烧焦或烧光，留有短毛，局部充血、水肿、起水疱、疼痛。

（2）Ⅱ型烧伤 Ⅱ型烧伤能引起组织蛋白凝固，血管栓塞，皮肤呈深褐色并有焦痂，无感觉，疼痛轻或无，被毛一搓即脱落。

（3）大面积重剧烧伤 易发生原发性疼痛性休克，于烧伤数小时后继发低血容量性休克，在数天后可能继发中毒性休克，烧伤局部易继发感染，如继发毒血症或菌血症等。

3. 诊断要点

烧伤深度和程度，常与致伤程度的作用时间，以及损伤面积有关。

4. 防治措施

（1）治疗措施 猫一旦发生烧伤，应及时采取急救和早期处置，使烧伤面积控制在最小范围内，这是总的治疗原则。

（2）急救和早期处置

①猫一旦烧伤，立刻用冷疗，常用湿毛巾放在冰水中浸泡后放置在烧伤的局部。②立刻给予镇痛剂（如吗啡或双氢吗啡酮）和镇静（氯胺酮加安定）。③对动物进行全身检查，其目的是确定烧伤的面积和程度。损伤小，仅作局部处理。对于损伤大而严重的，除局部治疗外还要进行全身治疗，如及时给予输液。对于烧伤面积占体表30%以上的，大量皮肤丧失，又无法植皮，无恢复可能时，可考虑使动物安乐死。

（3）防止休克 严重烧伤，容易发生休克。所以烧伤后首先保持动物安静并及时给予补液或补充电解质溶液（钠、钾、氯电解质）。另外，最好补充碳酸氢钠溶液，防止或治疗因烧伤严重所引起的酸中毒。

（4）创面处理 烧伤表面涂布防腐液如龙胆紫、高锰酸钾溶液等促使痂皮成，或涂中药类油膏控制感染促进愈合。

创面处理要尽早，可预防感染和其他并发症的发生。首先要剪除烧伤及其周围皮肤的被毛，用清水和中性肥皂水或防腐液清洗，除去碎屑、组织碎片和坏死离断的组织，再用生理盐水洗涤创面（可用合适的防腐药或抗生素油膏涂布覆盖伤面）。为保护创面，外用绷带包扎。

（5）应用抗菌药 治疗总的原则是局部处理与全身治疗相结合，即在局部应用抗菌药外，全身还应用抗菌药，以防止败血症的发生。

（6）皮肤成形再建 大猫皮肤弹性大，皮下组织又疏松，通过牵拉或辅助切口可覆盖皮肤缺损组织。如果皮肤缺损太大，则需采取自体游离皮瓣等皮肤移植方法整形。

5. 预防措施

避免猫误触火炉、电炉及开水、热油等高温液体。

第二节 猫产科病诊疗技术

一、子宫内膜炎

子宫内膜炎是指子宫黏膜及黏膜下的一种急性或慢性炎症性疾病，多发生于产后期，尤其是在发生流产和产后期疾病的母猫中较多见，而子宫积脓则是性成熟母猫在发情后期多发的一种综合征。

1. 病因

急性炎症多由于分娩时产道损伤，难产助产时消毒不严，胎儿死亡、腐败，产后胎膜滞留、子宫弛缓、恶露滞留等疾患时受到病原微生物的感染所致。常见的致病菌有葡萄球菌、链球菌、化脓棒状杆菌、变形杆菌等。就其性质，急性炎症多为急性卡他性脓性炎、急性化脓性炎和急性纤维蛋白性炎。

慢性子宫内膜炎多由急性炎症转变而成。此外，在布鲁氏菌病、钩端螺旋体病等引起子宫感染的某些传染病过程中，以及公猫生殖器官有炎症在交配过程中均可引起慢性子宫内膜炎。就其性质而言，慢性子宫内膜炎多为慢性卡他性炎、慢性卡他性脓性炎、慢性化脓性炎、慢性隐性子宫内膜炎，此外还有子宫积水和子宫积脓。子宫积脓也是性成熟母猫于发情后期多发的一种综合征。

2. 主要症状和病理变化

急性子宫内膜炎多发生于产后 1 周内，患病猫多有程度不一的全身症状，表现体温轻度升高，精神沉郁，食欲减退，有时出现呕吐、腹泻、脉搏快而弱，泌乳量减少，常拒绝哺乳。有的病猫表现拱背努责、呻吟不安。阴道中排出暗红色恶臭的分泌物或脓汁，排出的分泌物污染阴门周围和尾根部。腹部触诊，可感知子宫增粗、松弛，继发腹膜炎时触诊有疼痛反应。

慢性子宫内膜炎时，多无明显全身症状，而以阴道中长期排出黏液性或脓性分泌物为特征，母猫性周期活动紊乱，不易受孕，即使受孕，也易发生流产、死胎，腹壁触诊子宫体积正常或增粗。

隐性子宫内膜炎时，性周期正常，但不易受孕。子宫蓄脓的病猫体温正常或升高，精神沉郁，食欲减退，喜饮水，并有呕吐、腹泻、多尿表现。从阴道内排出黄绿色、褐色带有臭味的分泌物。若子宫颈紧闭，则常不见分泌物排出。子宫蓄积多量脓汁时腹围增大，腹部触诊时可感知子宫明显增粗，内有波动感。病猫常发生中毒现象。多数病例出现中毒性肾病，少数严重病例则出现肾功能衰竭。骨髓的中毒性变化导致幼稚型中性粒细胞增多，出现 γ 球蛋白增高的高蛋白血症。此外，尚可发生脱水、休克等症状。

3. 诊断要点

根据近期有分娩、难产、流产、死胎的病史，阴道中流出炎性分泌物和子宫增粗、松弛等症状不难作出诊断，子宫积脓则多发生于发情后期，多有全身中毒性反应，子宫增粗，触诊时内有波动感。

4. 防治措施

（1）治疗措施 本病的治疗以控制子宫炎症、提高子宫肌的紧张度、促进子宫中炎性分泌物的排出为原则。

急性子宫内膜炎时，可用前列腺素 0.5～2.0 毫克/次，肌内注射；催产素 5～10 单位/次，肌内注射；或灌服麦角浸膏 0.3～50 毫克/次，以促进子宫收缩，促进炎性渗出物排出。但对子宫高度扩张、子宫中积有多量脓液，而子宫颈紧闭的病例不宜用强烈的子宫收缩剂，否则易造成子宫破裂，而应先使用己烯雌酚使子宫颈开放后方可用强烈的子宫收缩剂。经阴道向子宫中注入土霉素、新霉素、链霉素等抗生素，或抗生素与雌激素的混合液，可达到控制子宫炎症的目的。急性子宫内膜炎通常不宜进行子宫冲洗和子宫按摩。对有明显全身症状的病例，还应全身使用抗生素和必需的对症治疗。有腹膜炎时，最好用抗生素进行腹腔注射。慢性子宫内膜炎时，除用上述方法治疗以外，尚可用盐水（炎性分泌物多时用5%～10%的高渗盐水，分泌物少时用生理盐水）、0.1%利凡诺、0.05%～0.1%高锰酸钾溶液等消毒防腐药冲洗子宫，冲洗时压力不可过大，每次量不宜过多，应反复冲洗，直至回流出的冲洗液清澈为止。子宫冲洗液必须完全回流排出。冲洗后向子宫内注入抗生素，并可经腹壁进行子宫按摩。

对子宫积脓的病例，种用价值不大的可进行卵巢子宫全切除手术，往往可使病情迅速好转。此外也可用雌激素、催产素、前列腺素等激素促进子宫收缩，详见急性子宫内膜炎的治疗。

（2）预防措施　在给母猫助产时要严格消毒，对容易导致本病的产后胎膜滞留、子宫弛缓、恶露滞留等产科疾病以及布鲁氏菌病、钩端螺旋体等疾病，要及时进行治疗。

二、流产

由于胎儿或母体的生理功能发生紊乱而使妊娠中断，可能表现为胚胎完全被吸收，或排出不足月的胎儿或死胎、胎儿被吸收或者胎儿腐败分解后从阴道排出腐败液体和分解产物，称为流产。因为母猫常吃掉流产胎儿，最后一种情况很难与子宫颈开放的子宫积脓区别。流产不仅使胎儿夭折，也危及母猫健康，还可导致不孕。

1. 病因

引起流产的原因很多，大致有以下几种：

（1）各种机械性损伤　如腹部受到碰撞、冲击、创伤及腹部手术等，极易造成流产。

（2）多种传染病　常见病原体有布氏杆菌、葡萄球菌、大肠杆菌、沙门氏杆菌、钩端螺旋体、胎儿弧菌等。布氏杆菌是引起猫流产最常见的病原菌，该种菌传染性强。

（3）生殖器官疾病　有慢性子宫内膜炎，精子和卵子异常，胎盘、胎膜异常等。

（4）母体内分泌失调　如甲状腺机能减退及孕酮分泌量不足等。

（5）各种全身性疾病和饲喂不当、营养缺乏等均可能引起流产。

（6）外界环境不良、应激因素的影响 如寒冷、高温、噪声、惊扰、拥挤、过频捕捉等。

（7）母体其他系统的重剧疾病 如心脏功能衰竭、剧痛、中毒等。

2. 症状

（1）预兆性流产 妊娠猫从阴道内流出透明或半透明的胶冻样黏液，有时混有血液，临床稍有不安表现，呼吸粗粝，脉搏增快。腹部触诊或 X 射线检查时，胎儿活跃（胎动不安）。

（2）隐性流产 妊娠初期，囊胚着床前后，此时尚未形成胎儿，胚胎死亡后组织液化而被母体吸收，子宫中不留任何痕迹。母猫也无任何明显症状，故难于发现和鉴别，只有配种后已确诊妊娠的猫，当复诊时原妊娠现象消失才被发现。

（3）早产 分娩预兆不明显，只在排出胎儿前 2~3 日，乳房突然胀大，阴唇稍肿胀，阴道内流出清亮黏液，排出死亡或无活力的胎儿。腹部触诊时，无胎动反射。阴道检查，子宫颈外口稍微张开，黏液稀薄。

（4）延期流产 妊娠中断，胎儿死亡。但由于子宫阵缩微弱或无阵缩，子宫颈口张开不大或未张开，死胎长期停留于子宫内，称延期流产。在延期流产中有两种情况：

① 胎儿干尸化，即妊娠中断时，黄体机能仍促使子宫继续保持妊娠状态。子宫不收缩，子宫颈口也不张开，没有细菌侵入，死胎停留在子宫内，组织内的水分和胎水被吸收，变成棕黑色，体积缩小，好似干尸（木乃伊）一样。母猫无任何症状表现。腹部触诊或直肠检查时，无胎动和胎水，子宫紧包着 1~3 个或更多个形状不规则的硬物。

② 胎儿浸溶，即胎儿死亡后，由于黄体萎缩，子宫颈口张开，

细菌经阴道侵入子宫内。胎儿的软组织先气肿，后分解、液化和排出，最后剩下大部分或部分骨骼残留在子宫内。当胎儿气肿、浸溶时，子宫也发生炎症，病初患猫精神沉郁，体温升高，食欲减少，有的呈现腹泻等症状。病的后期，往往转为慢性炎症过程，症状减轻或不明显，仅从阴道内流出少量脓性分泌物。腹部触诊或直肠检查，可感知子宫壁肥厚和胎儿骨片相互摩擦。阴道检查，可见阴道和子宫颈黏膜重度发炎，子宫颈口张开，有时阴道中有胎骨碎片。

3. 诊断

流产是在无任何先兆的情况下产出不足月胎儿，若为妊娠毒血症引起，母猫有贫血症状，习惯性流产可见阴道血样分泌物持续5～6天，流产母猫常因口渴吃掉胎儿，除注意观察外，亦可经 X 光检查，母猫胃内可有胎儿骨骼。

4. 预防

（1）加强妊娠母猫的饲养管理，改善饲养条件　孕猫舍始终要保持清洁、干燥、舒适、安静。保持冬暖夏凉，畜舍内外要不定期消毒，防止孕猫产生疾病或细菌感染引起流产。孕猫饲喂时要少食多餐，保证清洁饮水，防止孕猫暴饮暴食造成胃扩张压迫胎儿。孕猫的散放运动要以自由散放为主，防止剧烈运动、爬跨、咬架。特别是妊娠后期要单独圈养，避免碰撞和打斗。

（2）加强妊娠猫的营养　妊娠猫要饲喂营养丰富、易消化的饮食，特别是妊娠后期更要饲喂蛋白质含量高的食物，饲料营养不全时适当添加一些维生素、矿物质和微量元素，以满足胎儿正常生长发育所需要的营养。

（3）做好种猫免疫接种　所有的猫，特别是用于繁殖的猫，为了防止传染病的发生，必须做好预防免疫接种和驱虫，并做好孕畜舍的卫生和消毒工作。加强妊娠猫疾病的检查，发现疾病应及时治疗，对于出现如布氏杆菌病等传染病的母猫应及时淘汰，不宜留作种用。

（4）妊娠猫慎用各种药物　妊娠母猫疾病治疗过程中用药要非常慎重，抗生素类及糖皮质激素类药要尽量少用或不用。糖皮质激素类药如地塞米松、可的松等容易造成孕猫流产，庆大霉素、氯霉素等抗生素类药对胚胎或胎儿容易造成生理缺陷。

5. 治疗

（1）安胎、保胎　当发现母猫有先兆性流产时，及时投给保胎药和镇静剂，如肌内注射孕酮5～10毫克，每日1次，连用3～5次，对缺乏孕酮性流产有效。有习惯性流产病史的母猫，可在妊娠的一定时间，预计发生流产之前开始注射孕酮。已出现流产预兆的，也可使用孕酮和镇静剂，如氯丙嗪、溴剂等。禁止阴道检查，以免刺激母猫促进流产。

（2）促进胎儿排出　子宫颈口已张开，胎膜已破，胎水流出，胎儿不能排出时，可使用催产素或前列腺素、雌激素等，促进子宫收缩，将胎儿排出。若子宫颈口张开不良或不开，以及胎儿干尸化时，可使用己烯雌酚，能使干尸化胎儿排出，或子宫内注入前列腺素可获得良效。若胎儿较大或胎儿位置、姿势不正常，用上述方法仍不能排出时，则进行引产术或截胎术，将胎儿取出。

（3）胎儿浸溶的治疗　对胎儿已经腐败或软组织浸溶液化时，可使用雌激素或手术方法扩张子宫颈口，将胎儿骨骼逐块取出。术后用0.1%高锰酸钾或雷佛奴尔溶液冲洗子宫，将残留在子宫内的胎儿分解组织和液体排出。注意加强护理和预防继发败血症。

三、难产

难产指在没有辅助分娩的情况下，出生困难或母体不能将胎儿通过产道产出的疾病，小动物临床常见。若对难产处理不当，不仅会引起猫生殖器官疾病，影响以后的繁殖机能，甚至可造成母体或胎儿或母子的死亡。

猫是一胎多仔动物，在正常饲养下，难产并不多见。但近年来，随着社会发展，家庭饲养的宠物猫越来越多，因过分宠爱、不当饲养、猫种杂交等多种原因导致猫难产疾病越来越多。当今，猫难产已经成为猫的常见病和多发病，一年四季均可发生，冬春两季尤为多发，好发于 12～24 月龄的母猫，比例为 60％～70％，并好发于第一胎。

传统上根据难产的原因将猫难产分为胎儿型、母体型和混合型难产 3 种类型。

1. 病因

引起难产的原因较为复杂，主要由母体因素或胎儿因素引起，或这两者共同引起。同时也可由品种、延期妊娠、滥用催产素、继发疾病等其他因素引起。

（1）胎儿型难产

① 胎儿过大：胎儿体重若超过母体体重 4％～6％，则易发生难产。多见于胎儿过少、个体过大，特别是小型猫，如波斯猫盆腔入口扁平，胎儿头部偏大，就易发生难产。但大多数品种胎儿最大的部位是腹腔，面骨部分相对较小，只要体型正常，一般可以顺产。由于饲养不合理，母猫在孕期营养过剩，易导致胎儿发育过大；大型公猫与小型母猫交配，怀孕期长、胎儿畸形等都可造成胎儿过大而发生难产。此外过早交配也易导致难产，雌猫一般在 10 月龄时开始性成熟，18 月龄时体成熟，如果雌猫在性成熟后体成熟前发生交配而受孕，因其体格较小，容易导致难产。

② 胎位不正：胎儿异常前置或胎位异常，也能引起难产。

③ 激素含量不足：胎儿垂体及肾上腺皮质激素不足，无法发动分娩或分娩发动无力。

（2）母体型难产 主要是子宫收缩无力，表现为原发性和继发性两种。原发性常见于仅怀 1 或 2 个胎儿时，对母体的分娩刺激不足或由于多胎、胎水过多和胎儿体积过大，导致子宫过度扩张；其次是由于遗传因素、营养失衡、子宫黏膜层内脂肪渗入、年龄过大、神经内分泌失调或综合性疾病等导致原发性子宫收缩无力；继发性一般是因产道阻塞引起子宫收缩力过度消耗和衰竭，导致分娩中止。

猫腰荐部发生凹陷导致雌猫产道狭窄而发生难产，其主要原因有：

幼猫饲喂的食物过于单一。城市家庭养猫，一般饲喂熟肉制品、动物脏器（肝、肺）等食品为主，其他食品则很少，长期饲喂使猫逐渐养成了除了肉类和动物脏器外其他食品不食的坏习惯，这样容易引起营养代谢失调，特别是以钙磷代谢障碍为主的代谢性疾病（佝偻病）。

城市家庭养的猫以观赏居多，且大多室内饲养，缺乏合理光照与运动不足成为该病发生的另一主要原因。

因跌打、跳跃、挤压等外力因素造成的猫腰荐部损伤，或先有营养代谢失调后又继发腰荐部损伤。

可能与遗传因素有关。

综合以上几方面原因，该类型难产猫视诊时其体型怪异，腹部胀圆、股部呈锥状；触诊腰荐部有不同程度凹陷；有时视诊也明显易见；询问病史，此类型猫多在幼龄发育过程中出现过诸如跌打、挤压或不明原因造成的后躯摇摆、行走不稳、粪便秘结、积尿等症状，且饲喂的饲料一般以肉制品、动物脏器为主，比较单一。

2. 症状

难产多见于初产猫，临床征兆表现不尽相同。大致表现为食欲减退，甚至废绝，腹围明显增大，腹肌紧张，乳头突出，乳盘膨胀，外阴肿胀，流出混有血样的羊水。有的母猫不食或少食，频频排尿，次数多而尿量小，努责不安，或不断回头望腹，喜卧，从阴门流出污红色腥臭的液体，污染尾、后肢；有的母猫则常用舌舔其阴部，用后脚踢打腹部或频频在地上翻滚；有的母猫腹部明显收缩，努责达 2 小时不见小猫产出。有的母猫则有胎儿肢体露外，如果胎儿在子宫或产道腐败还伴有体温升高等全身症状。

3. 诊断

（1）猫出现以下任一指标，可考虑难产：①母猫经过 20 分钟的努力分娩后仍无胎儿产出；②母猫经过 10 分钟的努力分娩后仍无胎儿产出，但有胎儿已进入产道时；③母猫出现急性精神沉郁（通常伴随子宫破裂发生）；④母猫发热；⑤母猫阴部持续出血时间超过 10 分钟时。总的来说，难产症状显而易见，但要正确判断属于何种难产，协助胎儿产出，则依赖详尽的病史调查及周到的临床检查。

（2）病史调查　询问的内容包括：初产还是经产，是否有难产史，本次分娩的启动时间，努责的频率和强度，已产出的仔猫数及每个胎儿产出的间隔时间，助产情况及结果。

（3）产科检查　腹部触诊，粗略地估计胎儿的数量和子宫扩张程度。阴道指检、探诊难产障碍物并确定其性质，盆腔内有无胎儿及胎儿的状态，阴道指检还可估测子宫颈状态和子宫紧张度。阴道前部紧张表明子宫肌活动良好，相反，表明子宫肌无力。宫颈关闭时，阴道内液体不足，手指插入阻力大，阴道壁紧裹手指；宫颈开放时，常有胎水流水，阴道被润滑，阻力小。

（4）腹腔 X 光照检查 临产母猫和待产母猫 X 光照片可显示胎儿个数、胎儿体位及是否进入产道等。

（5）腹腔超声检查 临产母猫和待产母猫 B 超检查可显示胎儿数量、胎儿是否存活及活力、子宫内有无囊肿。

4. 预防

（1）适当的运动可促进母体及胎儿的血液循环，增强新陈代谢，保证母体和胎儿的健康，有利分娩。因此，运动应有一定的规律，持之以恒。一般在妊娠前期每天运动 2 小时，妊娠后期每天运动 3 小时左右，临产前 2~3 天可在室内运动。但要注意在妊娠的前 3 周内，最容易引起流产，所以不能有剧烈的运动。

（2）合理控制母猫的营养。怀孕后要根据不同时期的营养需求特点，注意蛋白质、能量、维生素和钙、磷等的供给，怀孕的中后期适当增加饲喂次数，饲喂量要根据母猫的具体情况来确定，不宜过肥，也不能过瘦，以免分娩时发生努责无力或营养过剩导致胎儿过大而发生难产。天气炎热时要特别注意钙的补充，以免因缺钙导致收缩无力。

（3）有难产史，或患有骨盆骨折、子宫肿瘤等其他与产科相关疾病的母猫应尽量少配或不配。

（4）减少外界环境对母猫的应激刺激。分娩前应提前进入产房，让其熟悉分娩环境，尽量避免陌生人进出产房，保证产区安静。

（5）在猫孕期慎用各种药物及各种补品，以防胎儿死亡、畸形，造成难产。

5. 治疗

（1）助产

① 胎儿异常性难产：对于胎儿轻度异常的母畜先进行矫正和牵引，但应避免对胎儿及母体产道的伤害。

② 产道异常性难产：对于骨盆狭窄，如胎儿存活可行剖腹取胎，胎儿已死亡时可行截胎术，截胎无效时则进行剖腹取胎术；对于子宫颈开张不全、子宫扭转、宫外孕、胎盘粘连等引起的难产，只能行剖腹取胎术；对于外阴偏小引起的难产，胎儿通过有困难时，可行外阴部切开。

③ 娩力不足性难产：如果是母畜身体虚弱而阵缩无力时发生的难产，可通过注射催产素有一定效果。在产力不足时可人为诱发阵缩，用手指刺激产道或用手指插入肛门刺激产道。

（2）剖宫术　严重的器质性难产，或经助产后仍无法解决的难产，需立即实施剖宫产手术。手术时要注意保定和麻醉的安全性，充分备足器械和材料，手术部位要精确，手术程序要完整，严格无菌操作技术，并加强术后护理，确保手术成功。

第四章

猫传染病诊疗技术

第一节 猫病毒性传染病诊疗

一、狂犬病

狂犬病又名恐水症、疯狗病，是由狂犬病病毒感染中枢神经系统引起的一种急性、接触性、高度致死性人畜共患病。该病以神经兴奋和意识障碍，继之局部或全身麻痹而死亡为特征。病猫临床表现主要为狂躁、恐惧不安、怕风怕水、流涎、咽肌痉挛，最终瘫痪死亡，病死率几乎 100%。

狂犬病是一种古老的疾病，是动物病毒性传染病中最早有文献记载的一种疾病。据史料记载其可能发源于亚洲或欧洲，我国最早在公元前 556 年的《左传》中就有记载，西方在古罗马、古埃及、古希腊时期的古籍中均有该病的描述。1855 年，法国科学家巴斯德首次将利用兔脑脊髓制备的减毒狂犬疫苗应用于人体免疫，有效地预防了该病的发生和传播，这是人类历史上首次征服狂犬病，从而为疫苗预防狂犬病开了先河。目前，疫苗免疫接种依然是包括猫、犬在内的多种动物狂犬病的主要防控措施。

1. 病原

狂犬病病毒为弹状病毒科、弹状病毒属的成员。其外形呈子弹状，一端呈圆锥形，另一端扁平，病毒粒子长 100～300 纳米，直径约 75 纳米，外面包有囊膜。病毒基因组为单股负链 RNA。病毒对外界抵抗力不强，易被强酸、强碱、甲醛、碘、乙醚、乙酸、乙醇、胆盐、季铵化合物类、紫外线、日光、肥皂水及离子型和非离子型去污剂等灭活，如 1% 甲醛溶液、3% 来苏水 15 分钟即可灭活本病毒，但置于 50% 甘油中并保存于 4℃ 的感染脑组织中的病毒可存活数周，低温下病毒可存活数年。

2. 流行特点

几乎所有温血动物都可感染狂犬病，但以哺乳类动物最为敏感，尤以犬科动物易感性最高。在自然界中狂犬病曾见于家犬、野犬、猫、狼、狐狸、豺、獾、猪、牛、羊、马、骆驼、熊、鹿、象、野兔、松鼠、鼬鼠、蝙蝠等动物。犬类是携带和传播狂犬病病毒的主要传染源，其次是猫、狼、狐狸和吸血蝙蝠等。健康易感猫被带毒动物或发病动物咬伤后，动物唾液中的病毒通过伤口进入易感动物体内而引起发病，病毒也可通过皮肤损伤处、黏膜或眼结膜而导致易感动物患病。

本病多以散发为主，温暖季节发病较多。

3. 临床表现

本病潜伏期长短不一，一般为 20～60 天，多数在 3 个月以内，长的可达几个月。潜伏期的长短与年龄、伤口部位、伤口深浅、入侵病毒的数量及毒力等因素有关。一般来说，头颈部被咬伤后感染的危险大于躯干部位，而且潜伏期也相对较短。

临床上可分为狂暴型和麻痹型两型。狂暴型病例可表现出前驱期、兴奋期和麻痹期明显的三期变化。

前驱期 1～2 天，病猫常躲在暗处，表现焦虑不安，神经紧张，行为异常，两眼发呆，瞳孔放大，喉头轻度麻痹，唾液分泌增多，吞咽时颈部伸展，病猫胆怯易惊，不听呼唤，常有逃避或躲避趋势。

兴奋期，病猫表现警觉、敏感，继而高度兴奋，剧烈运动、肌肉颤抖、攻击人和其他动物，有的咬齿或自抓，继之衰弱、共济失调、厌食、沉郁及抽搐，发出嘶哑叫声，并很快便进入麻痹期。

麻痹期，病猫因咽喉及咬肌麻痹而下颌下垂，流涎及采食和吞咽困难，继而脱水、消瘦，并因四肢或后躯麻痹而卧地不起，随后发展到全身麻痹，最终因呼吸麻痹和呼吸衰竭而死亡。多数病例在出现明显症状后经 2～4 天死亡，病程一般为 7 天左右。

麻痹型也称沉郁型，一般兴奋期很短，随后共济失调、麻痹。

4. 病理变化

尸体外观消瘦，有咬伤及撕裂伤。剖检无特征性变化，仅见口腔和咽喉黏膜充血糜烂，胃内空虚或有异物，胃肠黏膜充血和出血，脑膜肿胀、充血和出血。

5. 诊断

根据病史及临床症状，可做出初步诊断。确诊则需要进行包涵体检查、动物感染试验、琼脂扩散试验、免疫荧光及应用 RT-PCR 方法检测病毒核酸等。

① 包涵体检查：为一种简便快速的诊断方法，检出阳性率可达 70%～90%。将疑似病例的大脑和小脑组织病料进行病理组织学检查，若大脑海马角或小脑组织触片染色后镜检，在神经细胞浆内发现直径 3～20 微米呈红色梭形、圆形或椭圆形的内基氏小体即可确诊。

② 动物接种：取病死猫脑组织或唾液腺等材料，用 PBS 缓冲

液或含 10% 灭活豚鼠血清的生理盐水制成 10% 乳剂，加入青、链霉素，离心取上清液，脑内接种 5～7 日龄乳鼠，观察 3～4 天，乳鼠发病死亡为阳性。也可取病料悬液 0.2 毫升脑内接种 1.0～1.2千克的家兔，观察 14～21 天，发病死亡判为阳性。

③ 琼脂扩散试验：常利用狂犬病病毒阳性血清检测病猫脑组织及唾液腺悬液中的病毒抗原。将抗原和抗体分别加入 7 孔琼脂板相邻的孔内，分别于 24、48 和 72 小时观察并判定结果，试验设正常血清对照和正常组织对照。特异性沉淀线有两条：一条较粗，接近于抗原孔；另一条较细，位于抗原孔与抗体中间。这种方法简便易行但敏感性低，如果将病毒抗原浓缩，可提高检出率。

④ 免疫荧光抗体法：于发病第一周内取唾液、鼻咽洗液或脑脊液涂片、角膜印片、皮肤切片，用狂犬病病毒荧光抗体染色，荧光显微镜下观察到荧光即为阳性。

⑤ RT-PCR 方法检测病毒核酸：发病第一周内取唾液、鼻咽洗液、脑脊液、角膜或皮肤组织，用 RT-PCR 方法检测狂犬病病毒核酸为阳性。

6. 预防

加强猫的管理，严格进行免疫接种是预防狂犬病的最有效措施。新引入或抱养的猫要加强检疫，隔离观察，及时注射疫苗。对于无人饲养的流浪猫，应交由流浪动物收容站管理。

应用 Flury 株鸡胚高代毒（HEP）疫苗进行免疫接种，免疫期可达 1 年以上。亦可应用国外引进的 ERA 株狂犬病弱毒疫苗经肌内注射进行免疫接种。

狂犬病基因工程重组疫苗、亚单位疫苗、抗独特型疫苗及核酸疫苗等均在研究中，非佐剂金丝雀痘病毒载体苗在国外已被用于猫狂犬病的免疫。

7. 治疗

动物被咬伤之后，应用大量肥皂水或 0.1% 新洁尔灭冲洗伤口，并用 75% 乙醇或 2%～3% 碘酒消毒。对创腔较深的伤口，应将导管插入伤口内清洗，并将伤口暴露于空气中以限制病毒在组织中的复制和扩散。咬伤严重的个体应注射高免血清。

已出现临床症状的病猫因尚无有效治疗方法，所以不宜治疗，可实施安乐死，并将头部样品提交相关部门用于狂犬病检查，病死猫尸体深埋、焚烧或作无害化处理，对可疑污染场所和物品用消毒剂严格消毒。

二、猫泛白细胞减少症

猫泛白细胞减少症又称猫瘟热、猫传染性肠炎、猫运动失调症，是由猫泛白细胞减少症病毒引起的猫及猫科动物的一种急性、热性、高度接触性、致死性传染病。该病是猫最重要的传染病之一，其以发热、呕吐、脱水、白细胞显著减少、出血性肠炎及运动失调为主要症状特征，有时死亡率可达 90% 以上。

猫泛白细胞减少症病毒于 1930 年由 Hammon 和 Ender 首先报告。现在世界各地的猫群中广泛存在，尤以德国、匈牙利、英国、法国、美国、日本等国为重。我国在 20 世纪 50 年代初就有了该病的报道，迄今已蔓延至许多地区。

1. 病原

猫泛白细胞减少症病毒又称猫细小病毒，属细小病毒科、细小病毒属。病毒粒子无囊膜，呈二十面体对称，直径 20～28 纳米。病毒基因组为线性单股负链 DNA 分子，长约 5200 碱基对。该病毒仅有一个血清型，与水貂肠炎病毒、犬细小病毒在抗原结构上有一定的亲缘关系。病毒具有极强的血凝性，可在 4℃ 条件下凝集猪的红细胞和恒河猴的红细胞，也可凝集马和猫的红细胞，对猪红细胞的适宜 pH 为 6.0～6.8。病毒能在猫肾、肺、睾丸原代细胞上和貂肾原代细胞上增殖，也能在 F81、FK、CRFK、NLFK、FLF-3 等细胞株上生长。原代细胞同步接种或培养 2～3 天后形成单层时接种，均能产生明显的细胞病变和多数包涵体。传代细胞同步接种或在细胞培养 18～20 小时于分裂旺盛时接种，亦可出现明显的细胞病变和包涵体。在 FLF-3 细胞上只有高稀释度（10^7）病毒接种时方能产生包涵体。

本病毒在外界环境具有极强的抵抗力，65℃处理 30 分钟仍不会丧失其感染性，处理 60 分钟才会使大部分病毒粒子灭活；病毒对乙醚、氯仿、石炭酸、酚（0.5%）和胰蛋白酶具有一定抵抗力。

2. 流行病学

猫科动物、浣熊科动物和鼬科动物都极易感染，各年龄阶段的易感动物均可感染，幼兽尤其敏感，1 岁以下的幼猫易感性最高。患病动物和康复后的带毒动物是本病的主要传染源。病毒通过传染源的粪便、尿液等排泄物排出体外，污染饲料、饮水、器具和周围环境，易感动物可通过直接接触或消化道、呼吸道等途径感染。此外，蚊、蝇、蚤、虱、螨等节肢动物也可成为重要的传播媒介。妊娠母猫亦可通过胎盘垂直传播给胎儿，引起胎儿小脑发育不全。猫泛白细胞减少症常呈地方性流行，一年四季均可发生，尤以秋冬季、母猫繁育季节多发，12 月份至次年 3 月份的发病量可占全年的 55.8%。

3. 临床表现

本病的潜伏期为 2～10 天，平均为 4 天。依临床表现可分为最急性、急性、亚急性和隐性 4 种类型。最急性型的病猫无症状突然死亡；急性型仅表现一些前驱症状，常在 24 小时内死亡，幼猫多呈急性发病。临床上 50％以上的病例常呈亚急性型，病猫临床症状典型，最初精神委顿，食欲不振，体温高达 40℃以上，约持续 24 小时后降至常温，再经 2～4 天重新上升到 40℃以上，呈典型的双相热。随着第 2 次发热，病猫临床症状加剧，表现为频繁呕吐，初为无色黏液，后为含泡沫的黄绿色黏液；有的病猫腹泻，严重的出现血便，最后严重脱水、衰竭死亡。妊娠母猫感染后多发生流产、早产、产死胎或畸胎，出生的幼猫常小脑发育不全，表现为共济失调等症状。猫泛白细胞减少症病毒感染后也可造成视网膜异常。本病病程 3～7 天，如能耐过 7 天，多可康复。病死率一般为 60％～70％，幼猫死亡率最高，可达 90％。年龄较大的猫感染后，症状轻微，体温轻度上升，食欲不振，白细胞数轻度减少。隐性感染时，动物无症状表现，但血清中可检测到特异性抗体，表明在自然情况下病毒在这些动物间广泛存在与传播。

4. 病理变化

病死猫尸体外观被毛粗乱、眼球下陷、腹部蜷缩、皮下组织干燥、尸体消瘦、脱水、鼻眼出现脓性分泌物。剖检时内脏病变主要在消化道，表现为胃肠空虚，黏膜充血、出血或水肿；肠道黏膜被纤维素性渗出物所覆盖，其中空肠和回肠的病变尤为突出，肠壁增厚呈乳胶管状；肠内容物呈灰黄色、水样、恶臭。肠系膜淋巴结肿大、出血，切面呈红、灰或白相间的大理石样花纹；胸腺萎缩、水肿；肝脏肿大呈红褐色；胆囊充盈，胆汁黏稠；脾脏出血；肺充血、出血、水肿。死于心肌炎综合征的病例，可见肺脏局部充血、出血及水肿，心肌红黄相间呈虎斑状，有灶状出血；此外，长骨的红骨髓呈脂样或胶冻样变化。

病理组织学变化主要表现为空肠绒毛上皮细胞和肠腺上皮细

胞出现严重的细胞变性、坏死和脱落。脱落的坏死绒毛膜上皮细胞混入肠道渗出的纤维素中，呈现网状或均质红染。在小肠上皮细胞、肝细胞、肾小管上皮细胞、大脑皮层锥体细胞等中可见有核内包涵体存在。心肌炎综合征病例的组织学特征为典型的非化脓性心肌炎变化，心肌纤维弥漫性淋巴细胞浸润，间质水肿与局限性心肌变性，在病变的心肌细胞中有时可发现包涵体和病毒粒子。

5. 诊断

幼猫发病时出现发热、呕吐、脱水、食欲废绝和精神沉郁等症状，同时体温出现间歇性升高者可怀疑本病；临床触诊腹部时，出现腹痛以及腹部淋巴结肿大，抽血化验时血液中白细胞明显减少可初步诊断。血液学检查时，白细胞明显减少，且以淋巴细胞和中性粒细胞减少为主。病猫血液中白细胞多降至 8000 个/立方毫米以下，严重病例可降至 2000 个/立方毫米，一旦降至 2000 个/立方毫米以下，多数病猫预后不良（正常猫白细胞数为 15000～20000 个/立方毫米）。进一步确诊需采集病料进行实验室诊断。

实验室可用荧光抗体染色技术、酶联免疫吸附试验（ELISA）、聚合酶链式反应（PCR）检测技术、血凝及血凝抑制试验等方法进行诊断，必要时可进行病毒分离、培养与鉴定。近年来胶体金试纸条进行检测和诊断的方法在临床上应用较为广泛。

6. 预防

控制猫泛白细胞减少症的根本措施在于免疫预防。常用的疫苗有灭活苗及弱毒苗，一般更倾向于弱毒苗。但应该注意的是，弱毒苗不能用于孕猫，也不能用于 4 周龄以下的幼猫。弱毒苗接种后3～5 天即可产生较好的免疫力；首次免疫在 9～10 周龄进行，2～

6 周后第二次免疫，肌内注射或滴鼻均可，以后每年加强注射 1 次。灭活苗在猫断奶后（6～8 周龄）进行首免，3～4 周后第二次接种，皮下或肌内注射均可。

此外，平时应注意卫生，定期消毒；发现病猫要及时隔离饲养，对假定健康猫要进行紧急预防接种或注射高免血清；在本病流行季节，要注意猫的饮食、卫生，增强抵抗力。

7. 治疗

本病目前尚无特效药物，亦缺乏有效疗法。一旦发生本病，应立即隔离病猫，采取以下综合措施：所有的笼舍、铺垫物、喂食器皿、清理用具、出入人员的衣服及鞋子都必须加以清洁及消毒；猫舍内所有的猫紧急加强注射疫苗，而怀孕母猫也应该注射灭活苗；病猫病初肌内注射高效价的高免血清，隔日 1 次。同时肌内注射庆大霉素（5～10 毫克/千克）、肌内注射卡那霉素（5～10 毫克/千克）、肌内或静脉注射土霉素（5～10 毫克/千克）或肌内注射氨苄青霉素（20 毫克/千克），每隔 12 小时注射 1 次，以预防混合感染或继发感染。也可肌内或静脉注射磺胺甲基异噁唑（每天 150～200 毫克/千克）等。

对症治疗应进行止吐、输血、输液等。

（1）止吐　对于频发呕吐的病猫给予抑制呕吐药，如马罗皮坦（1 毫克/千克，皮下注射，24 小时 1 次）、昂丹司琼（0.5～1.0 毫克/千克，缓慢静脉注射，8～12 小时 1 次）。爱茂尔、维生素 B 族各 0.5 毫升/千克体重，每日分 2 次注射。胃复安以 1～2 毫克/千克、24 小时 1 次的剂量连续灌注，或以 0.25 毫克/千克、6～8 小时 1 次的剂量皮下、肌内或静脉间歇性注射。

（2）输血　目的在于进行抗体、白细胞和血小板补给及促进造血等。供血猫最好选择通过强化免疫的具有高效价抗体的猫。输血量为5～10毫升/千克。

（3）输液　输液对本病有重要意义，输液时应注意调节机体的酸碱平衡、离子平衡以纠正机体酸中毒。为了改善脱水症状，应用以2∶1混合的水（5％葡萄糖）和电解质（乳酸林格氏液）混合注射。呕吐严重时注意补充钾；腹泻严重时注意补充碳酸氢钠；对出现严重休克症状的病猫，也可混合给予强心升压制剂，例如异丙肾上腺素等。

三、白血病

猫白血病又称猫白血病肉瘤复合症，是由猫白血病病毒和猫肉瘤病毒引起的一种恶性、肿瘤性传染病。主要以造血组织的恶性、增生性淋巴肉瘤、网状细胞肉瘤、网状内皮组织增生和骨髓性白血病及变形性胸腺萎缩和非再生性贫血为特征。

1964年Jarrett在美国首次发现并报道本病。目前，该病呈世界性发病，是猫的一种严重的传染病，也是猫最常见的偶然死亡原因。

1. 病原

猫白血病病毒和猫肉瘤病毒均为反转录病毒科、哺乳动物C型反转录病毒属的成员。病毒粒子呈球形，直径90～110纳米，中央核心为拟核，由衣壳蛋白组成的内膜包围，内含有反转录酶，最外层为囊膜，其上有许多糖蛋白构成的纤突。猫白血病病毒为完全病毒，其可不依赖于其他病毒完成自身复制过程。根据中和试验结果，结合病毒的宿主范围，可将猫白血病病毒分为FeLV-A、FeLV-B、FeLV-C和FeLV-T4个型。FeLV-A型病毒只能在猫的细胞上生长；FeLV-B型病毒的宿主范围很广，可在猫、貂、仓鼠、犬、猪、牛、猴和人的细胞上生长；FeLV-C型病毒的宿主范围较广，可在猫、犬、貂、豚鼠和人的细胞上培养。猫肉瘤病毒能诱发猫实质性肿瘤，可在猫白血病病毒存在的细胞内增殖，并导致细胞病变。

猫白血病毒对乙醚和脱氧胆酸盐敏感；常用消毒剂及酸性环境（pH4.5 以下）可使之灭活，56℃经 30 分钟也能使之灭活。但病毒对紫外线有一定的抵抗力。

2. 流行病学

不同品种和不同性别的猫均可感染本病，但幼猫较成年猫更为易感，6 月龄以上的猫较少发生，死于肿瘤的猫约有 1/3 为本病所致，且猫感染后多发生持续性感染。病猫和潜伏感染的猫为传染源，病毒在骨髓、淋巴结、气管、鼻黏膜、口咽部和唾液腺上皮细胞内复制并通过唾液、粪便、尿、乳汁及鼻腔分泌物排出体外。易感猫主要经消化道和呼吸道感染，但经消化道比经呼吸道传播快。在自然条件下，本病以消化道和相互接触传播为主，但吸血昆虫的叮咬及猫争斗时的咬伤、舔食、洗浴或共用食具等都可传播；妊娠母猫可经子宫感染胎儿，进而导致母猫的繁殖障碍，多产死胎，因而猫先天性感染并不常见。患病母猫所产猫仔均可感染，有些猫虽然出生后具有免疫力，但多数仍为持续性感染。

3. 临床症状

本病潜伏期一般为 2~4 年，少数病毒血症长达 10 年以上，症状除精神沉郁、嗜睡、厌食、消瘦、贫血外，其他临床症状依肿瘤发生的位置不同而异。

（1）消化道淋巴瘤型 也称腹型，平均发生年龄为 8 岁，病毒主要侵害肠道淋巴组织或肠系膜淋巴结，多集中于十二指肠至结肠之间，并波及肝、脾、肾等邻近脏器，引起这些器官的肿瘤。临床表现为可视黏膜苍白、贫血或血液白细胞、血小板减少，体重减轻，食欲减退，消瘦，嗜睡，有时呕吐或腹泻、黄疸、紫斑、尿毒症或肠阻塞等。此病型较多见，约占全部病例的30%。

（2）多发性淋巴瘤型　也称弥散型，病猫发热、精神沉郁、消瘦、全身多处淋巴结肿大，身体浅表病变的淋巴结可用手触摸到。此型约占全部病例的20%。

（3）胸腺淋巴瘤型　也称胸型，主要发生于3岁以内的猫。病毒主要侵害胸腺，波及纵膈淋巴结，在胸腔纵膈淋巴结和胸腺形成肿瘤。触诊时可在胸腹侧前部摸到弥散性肿块，严重病例肿瘤块可占胸腔的2/3。X射线检查可见胸腔有肿物。若病毒侵害全身淋巴结，则全身淋巴结肿大，肝、脾亦发生波及性肿大，体表淋巴结（颌下、肩前、膝前及腹股沟等）均可触摸到肿大的硬块。患猫表现精神沉郁、食欲减退、消瘦、贫血等症状。若肿瘤形成和胸水增多，可导致病猫呼吸和吞咽困难，并常发生虚脱。

（4）淋巴性白血病型　此型常具有典型症状。病毒主要侵害骨髓，引起白细胞异常增生，并扩散到肝、脾及淋巴结等，常可发现脾脏肿大，但淋巴结的肿大较少见。临床上常表现间歇热、食欲丧失、机体消瘦、黏膜苍白，皮肤和黏膜有点状出血。

（5）免疫抑制型　猫白血病病毒感染引起的免疫抑制可表现为非再生性贫血、胸腺萎缩，类似泛白细胞减少症，孕猫流产、死产等。

4. 病理变化

消化道淋巴瘤时，在肠系膜淋巴结、淋巴集结及胃肠道上见有淋巴瘤，有时在肝、肾、脾等实质器官有肿瘤性淋巴细胞浸润，肠黏膜肥厚。胸腺淋巴瘤时，整个胸腺组织被肿瘤组织代替，纵膈部出现肿瘤，胸腔有大量积液。多发性淋巴瘤时，肝、脾常肿大，全身淋巴结也肿大。

5. 诊断

根据临床症状和病理变化，可初步诊断，确诊需进行实验室诊断。

（1）X 线检查 对胸腹部触诊有肿块的病例，用 X 射线检查胸腹部的肿瘤阴影，在诊断上具有重要的参考价值。

（2）血液及骨髓穿刺检查 除检查血液中的异常淋巴细胞、早幼淋巴细胞（幼淋巴细胞）外，若检出骨髓穿刺液中的这些细胞，会有重要的诊断意义。

此外，免疫荧光抗体试验和酶联免疫吸附试验等也可用于本病的诊断，病毒的分离鉴定在本病的诊断上无实用价值。

6. 预防

主要措施是加强饲养管理，搞好环境卫生，隔离、淘汰和捕杀血液学和血清学检查阳性猫及表现临床症状的病猫，每 3 个月检查 1 次，同时配合进行彻底消毒，培养无白血病的健康猫群。引进猫时实施隔离检疫，确认无病毒感染时方可混群饲养。目前，国外已有疫苗可供使用，接种后 $80\% \sim 90\%$ 的猫可获得有效保护。可选用的疫苗有细胞培养病毒配制的灭活疫苗、基因工程菌表达的病毒囊膜蛋白配制的重组蛋白疫苗，以及表达猫白血病病毒靶基因的金丝雀痘病毒活载体疫苗等。

7. 治疗

淋巴瘤病例采用大剂量健康猫的全血或血清注射，可使患猫的淋巴肉瘤完全消退；小剂量输入肿瘤相关细胞膜抗原的高免血清，治疗效果也不错；采用放疗可抑制胸腺淋巴肉瘤的生长，对于全身性淋巴肉瘤也具有一定疗效；对病情严重的猫，也可联合应用环磷酰胺、长春新碱、泼尼松龙、阿霉素、多柔比星等药物进行治疗，同时结合对症治疗，如呕吐、腹泻导致脱水的应补液、止吐、止泻；贫血的可用硫酸亚铁、维生素 B_{12}、叶酸等治疗。本病疗效取决于多种因素，一般需经 6～9 月才能得以恢复。

四、猫病毒性鼻气管炎

猫病毒性鼻气管炎又称猫传染性鼻气管炎，是由猫鼻气管炎病毒感染所引起的猫的一种急性、高度接触性的呼吸道传染病。在临床上以呼吸道感染和角膜炎、结膜炎以及鼻炎为主要特征。本病是猫的重要传染病之一，其发病率可达 100％，死亡率约 50％。

1957，Crandell 和 Maurer 首次从患病仔猫体内分离出该病毒。之后，英国、荷兰、加拿大和日本等很多国家相继报道该病的发生，我国也有本病的发生。

1. 病原

猫鼻气管炎病毒又称猫疱疹病毒 I 型，属疱疹病毒科、α 疱疹病毒亚科、水痘病毒属，具有疱疹病毒的一般特征，在细胞核内增殖可形成核内包涵体。位于细胞核内的核粒子平均直径为 148 纳米，细胞质粒子大小不一，直径范围在 128～168 纳米，而胞外粒子直径为 164 纳米，含有 162 个壳粒。该病毒为有囊膜病毒，其基因组为线性双链 DNA，病毒仅有 1 个血清型，能吸附和凝集猫的红细胞。

猫鼻气管炎病毒能在猫胚的肾、肺以及睾丸细胞培养物内良好增殖和传代。兔肾细胞也能较好地增殖病毒。病毒增殖迅速，细胞致病性强，通常在接种后 2～6 天产生分散性病灶，细胞变圆，细胞质呈线状，并出现合胞体。病变细胞培养物在显微镜下呈葡萄串状，在细胞病变开始出现后 36～48 小时内细胞常全部脱落。

该病毒对外界因素的抵抗力较弱，离开宿主后只能存活数天，对酸和脂溶剂敏感，可用甲醛和酚灭活。56℃存活 4～5 分钟，－60℃可存活 3 个月。

2. 流行特点

猫是猫鼻气管炎病毒的唯一自然宿主，病猫是主要传染源。病毒在鼻、咽喉、气管、支气管、舌以及结膜等的上皮细胞内增殖，并经鼻、眼、咽等的分泌物排出。发病初期的猫可通过分泌物大量排毒并能持续 14 天。病毒可污染水、饲料以及周边环境等，易感猫通过含病毒的飞沫经呼吸道和消化道感染。自然康复和人工接种耐过猫能长期带毒排毒，成为危险的传染源。孕猫感染后可通过垂直传播感染及致死胎儿。本病多发于幼猫，发病率可达 100％，病死率可达 50％以上。

3. 临床表现

本病潜伏期 2～5 天，长短取决于猫的年龄、免疫状况以及品种。一般幼猫比成年猫症状严重。病猫体温升高，阵发性喷嚏、咳嗽、畏光、流泪、鼻分泌物增多，开始为浆液性，若继发细菌感染则呈脓性。同时出现鼻卡他和结膜炎，病猫张口呼吸，结膜红肿外翻，布满脓性分泌物，严重者可导致失明。继之精神沉郁、食欲减退、体重下降。有的病猫出现溃疡性口炎、全身皮肤溃疡、肺炎及阴道炎等。血检可见中性粒细胞减少。患病仔猫约半数死亡，如合并感染则死亡率更高。成年猫死亡率较低。若怀孕猫感染，病毒会经胎盘感染胎儿，可能造成流产。部分患病后转为慢性者，出现咳嗽、鼻窦炎和呼吸困难等临诊症状。也有部分病猫呈亚临床表现，体温正常或仅有轻微发热而无任何其他症状。

4. 病理变化

病理变化主要在上呼吸道。初期，鼻腔和鼻甲骨黏膜呈弥漫性充血、水肿，喉头和器官也呈现类似变化。数日后在鼻腔和鼻甲骨黏膜出现坏死灶，甚至出现溶骨性病变。眼结膜、会厌软骨、喉头、气管、支气管的部分黏膜上皮也发生局部灶性坏死。扁桃体和颈部淋巴结肿大，并有散在出血点。呼吸道黏膜细胞特别是鼻中隔、鼻甲骨和扁桃体黏膜细胞中出现典型的嗜酸性包涵体。全身感染的幼猫，血管周围局部坏死区域的细胞也可见嗜酸性核内包涵体。呼吸道症状明显的病猫，剖检可见间质性肺炎、气管炎及细支气管炎变化。部分病猫支气管、细支气管及肺泡间隔上皮炎性坏死，肺脏变为红色，左右肺均有不同程度的淤血和坏死，并有少量的出血。肝脏黑紫色，有少量出血点并有针尖大小的坏死点，脾脏有点状出血，肾脏轻度水肿。慢性病例可见鼻窦炎。

5. 诊断

根据临床上的咳嗽、喷嚏、结膜炎、鼻炎等症状和剖检发现的呼吸道病变可作初步诊断，但该病与猫鼻结膜炎、猫泛白细胞减少症及猫肺炎临床表现相似，需结合实验室检查才可确诊。目前，常用的诊断方法包括病毒的分离鉴定、病理组织学诊断、血清学诊断和分子生物学诊断技术。

（1）病毒的分离鉴定　用灭菌棉拭子于急性发热期病例的鼻、咽、喉头黏膜和结膜部取样，按常规处理后接种猫胚肾细胞、猫胚肺细胞或睾丸原代细胞，24～48小时后，细胞呈灶状圆缩，出现多核巨细胞。病毒分离鉴定虽能准确诊断出猫传染性鼻气管炎病毒感染，但该病毒极易失活，分离相对耗时。慢性感染时，分离较为困难，因此临床上一般不建议使用病毒的分离进行诊断。

（2）病理组织学诊断　病毒在细胞核内增殖，通过病理组织学检查观察到呼吸道黏膜细胞核内的嗜酸性包涵体，对疾病诊断具有一定参考价值。但该方法无法区分其他呼吸道疾病，因此不能作为确诊依据。

（3）血清学诊断 血清学诊断方法主要包括免疫荧光试验、中和试验、血凝试验和酶联免疫吸附试验。

对分离的病毒可以用免疫荧光试验进一步鉴定，通过荧光显微镜观察特异性荧光进行诊断。但免疫荧光试验敏感性较低，仅能诊断急性感染期的患病猫，对于自发慢性感染的猫群检测成功率较低，限制了其应用。

中和试验可用于抗体效价的检测；猫疱疹病毒Ⅰ型可凝集猫的红细胞，因此也可通过血凝-血凝抑制试验检测其感染情况。此外，酶联免疫吸附试验也可用于猫鼻气管炎的诊断。

（4）分子生物学诊断 聚合酶链式反应（PCR）诊断方法比病毒分离鉴定和血清学试验更敏感。结膜、角膜、口、咽坏死灶、血液均可作为检测样品，根据高度保守的基因序列设计引物，利用PCR技术进行检测。该方法具有敏感、特异、简便、省时等优点，可用于快速诊断。

6. 预防

预防措施主要通过加强饲养管理、保持环境卫生、患病猫隔离消毒及疫苗免疫等。其中，疫苗接种是最有效的预防措施。由于本病多发，许多成年猫都携带有特异性抗体，幼猫可通过初乳获取免疫力，因此，断奶后应及时应用三联疫苗（猫瘟、传染性鼻气管炎和杯状病毒疫苗）对幼猫进行免疫。首次免疫一般在 8 周龄进行，10～12 周龄进行二免。2 个月以上的猫免疫（肌内注射）2 次，间隔14～21 天，以后每年加强免疫 1 次。此外，带毒母猫不宜再作种用。

7. 治疗

目前，该病缺乏特效治疗药物。通常采取对症治疗和支持疗法，在防止继发感染的同时加强护理。

（1）对症治疗

①为减少鼻腔浆液性黏液的分泌量，可使用缩血管药物如盐酸肾上腺素等滴鼻，但不适用于伴有黏液脓性分泌物的病猫。②抗病毒眼药，如曲氟尿苷或阿昔洛韦滴眼液可用于治疗由病毒引起的角膜溃疡，同时交替使用抗生素眼药；而口服赖氨酸可干扰疱疹病毒的复制，降低疾病的严重程度。③对于口腔损害和病程长的病猫，可口服或肌内注射维生素A。

（2）抗感染　病毒感染可因细菌感染而更为复杂。虽然病毒感染通常为数天的自限过程，但细菌感染如果未及时进行治疗可危及生命。因此，常采用抗生素防止继发感染，中等到严重程度的病例最好选用阿莫西林，按12.5毫克/（千克·12小时）剂量口服，或用阿莫西林克拉维酸，按15毫克/（千克·12小时）剂量口服。如果病情严重，可选用阿奇霉素，按10毫克/（千克·12小时）剂量口服，连用10天；或选用克拉维酸/阿莫西林＋麻保沙星，按3～5毫克/（千克·24小时）剂量口服，对门诊病例效果较好。也可选用氨苄青霉素等广谱抗生素肌内注射或口服。

（3）支持疗法　及时清除患猫鼻腔和眼睛内的分泌物，并用喷剂或盐水清洗。发生脱水时，可对病猫采用水化疗法及维持电解质平衡，采用静脉或皮下注射，补液的同时可适量加入胸腺肽，以提高机体的免疫力。同时，病猫饮食应多含鱼、肝、瘦肉等高蛋白物质，有利于康复。厌食的病猫，应尽早采用胃管或鼻胃管进行营养辅助疗法。

五、猫嵌杯病毒感染

猫嵌杯病毒感染是猫的一种多发性口腔和呼吸道传染病，又称为猫传染性鼻-结膜炎，其以双相热、鼻腔分泌物增多、结膜炎、口腔溃疡及大量流涎和发病率高但病死率低为主要临床特征。1957年，Fastier 等首次分离到猫杯状病毒，目前其呈世界性分布。

1. 病原

猫杯状病毒属于杯状病毒科、水疱疹病毒属。病毒粒子直径 $35\sim39$ 纳米，无囊膜，核衣壳呈二十面体立体对称，只有一种衣壳蛋白，衣壳上整齐排列着 32 个暗色中空的杯状结构亚单位。病毒基因组为单股正链 RNA，不同分离株基因组长度为 $7667\sim7693nt$。病毒在感染细胞浆内复制增殖，也可在猫肾原代细胞和传代细胞内增殖，还可在胎猫肺细胞内复制，并可迅速产生明显的细胞病变。

本病毒对脂溶剂（如乙醚、氯仿和脱氧胆酸盐）具有抵抗力，但 0.75% 的次氯酸钠或 2% 的 NaOH 能有效地将其灭活。病毒在 pH4.0~5.0 条件下稳定，在体外湿润的环境可存活 1 周或更长时间。

2. 流行特点

自然条件下，仅猫科动物对猫嵌杯状病毒易感，常发于 $8\sim12$ 周龄的猫。患病和带病毒的野生及家养猫为本病的主要传染源。病毒存在于传染源的咽腔、扁桃体、鼻腔、肺等组织中，随分泌物大量排出，也可以从粪便和尿液中排出。易感猫主要通过直接接触病猫或健康带毒者而感染，也可通过飞沫和被病毒污染的食具、垫料和器具而感染。病毒也可通过胎盘传播，持续性感染的母猫还可将病毒传染给后代，从而使幼猫的死亡率可能达 30%。康复猫和隐性感染猫可长期带毒，多数可排毒 30 天，有些达 75 天，甚至排毒达数年之久，由此可引起直接或间接地经呼吸道感染，成为危险的传染源。本病一经入侵，就可在猫群中广泛传播。猫嵌杯病毒感染的发病率很高但致死率很低。

3. 临床表现

本病潜伏期 2～6 天，最短的潜伏期为 1～2 天。感染动物症状的严重程度根据病毒毒力的强弱而不同，临床上表现为急性、亚急性和亚临床感染型。病猫发热，体温升高至 39.5～40.5℃，精神沉郁，打喷嚏，眼、鼻分泌物增多，有时流涎和出现结膜炎、肺炎。口腔溃疡是常见且特征性的症状，有时是唯一的症状。溃疡常见于舌和硬腭，尤其是腭中裂周围，有时唇、鼻、皮肤偶尔出现溃疡，2～3 周才能恢复。部分病猫关节损伤，因而跛行。近年来报道了一种猫杯状病毒强毒株，称为强毒性全身性猫杯状病毒，能引起严重的疾病，死亡率在感染猫群中超过 40%，可引起高热、面部及爪部水肿，面部、足部及耳部溃疡及脱毛，黄疸并伴有排泄物出血表现，以及更为典型的呼吸道症状。

4. 病理变化

剖检病变主要表现为结膜炎、鼻炎、舌炎及气管炎。舌、腭部初为水泡，后期水泡破溃形成溃疡，溃疡边缘及基底有大量中性粒白细胞浸润，上皮坏死。肺部往往出现急性渗出性肺炎及增生性、间质性肺炎，支气管及细支气管内常有大量蛋白性渗出物、单核细胞及脱落的上皮细胞。关节感染时可见急性滑液囊炎、关节滑膜增厚、关节腔内滑液量增多。表现全身症状的幼猫，其大脑和小脑可见中等程度的神经胶质细胞局灶性增生及血管周围套出现。

5. 诊断

由于多种病原均可引起猫的呼吸道感染，且症状非常相似，因此本病需在临床综合诊断的基础上，依靠实验室诊断进行确诊。

实验室诊断采集急性发病期病猫的鼻分泌物、咽分泌物拭子和眼结膜刮取物，置于含抗生素的营养液内制成浸液后接种猫源细胞分离猫嵌杯病毒。该病毒可在多种猫源细胞系上增殖，并迅速产生细胞病变，通常在 24～48 小时内观察到细胞变圆和脱落，细胞核固缩，且不形成包涵体和合胞体，即可诊断为本病。

6. 预防

加强饲养管理，严格消毒猫舍。有效的消毒剂包括次氯酸钠（5% 漂白粉按 1：32 稀释）、过硫酸钾、二氧化氯及使猫杯状病毒失活的商用产品。

仔猫应从 8 周龄开始，每 3～4 周进行免疫接种。最后一次免疫接种应在 16 周龄后进行。繁育群的仔猫以及生活在该病呈地方流行性地区的猫应在 4 周龄时开始接种，一直到 12 周龄，然后在 16 周龄接种。

在紧急免疫时用弱毒苗鼻内接种奏效快，2～4 天即可呈现保护力。因此在有可能发生暴露的情况下应采用这种方法，且鼻腔内疫苗接种可防止带毒状态出现。相比而言，灭活疫苗具有安全性，可用于妊娠猫的免疫，但需配以佐剂，且效果不如弱毒疫苗。

7. 治疗

（1）抗生素治疗 细菌感染可使猫杯状病毒感染更为复杂。虽然大多数猫杯状病毒毒株感染可产生数天的自限性疾病，但细菌感染如不及时治疗，可危及生命。轻微到中等程度的疾病的首选药物为阿莫西林，按 12.5 毫克/（千克·12 小时）剂量口服，或用阿莫西林-克拉维酸，按 15 毫克/（千克·12 小时）剂量口服。如果病情严重，对门诊病例可选用阿奇霉素，按 10 毫克/（千克·12 小时）剂量口服，连用 10 天；或选用克拉维酸/阿莫西林＋氟喹诺酮；若猫难以口服药物，则可用头孢维星注射剂，按 8 毫克/（千克·24 小时）剂量皮下注射。住院病例最好使用阿莫西林（10～20 毫克/千克，皮下注射，每 12 小时 1 次）加恩诺沙星（2 毫克/千克，皮下注射，每 12 小时 1 次）。

（2）水化疗法　发生脱水时，鼻腔及口腔分泌物黏稠，可对病猫进行再水化治疗，使用维持剂量的平衡电解质溶液，静脉或皮下注射。

（3）支持疗法　厌食是猫上呼吸道感染常见的并发症，应尽早采用口胃管或鼻胃管进行营养支持治疗。这种方法的禁忌证包括呼吸困难及严重的沉郁。由于鼻腔阻塞的猫在插入口胃管时发生恐慌，因此在插管前应将鼻腔分泌物用水软化并除去。严重的鼻腔充血及刺激应禁止使用鼻胃管。

此外，有结膜炎病例可用眼科抗生物疗法；为了防止暴露给其他猫，病猫应隔离治疗，而感染猫杯状病毒的猫应在严格隔离条件下应用静脉内输液、胃肠外抗生素及营养支持疗法积极治疗。因该病康复猫带毒可达 30 天甚至更久，故要对其严格隔离，防止病毒扩散。

六、猫传染性腹膜炎

猫传染性腹膜炎（简称传腹）是由猫传染性腹膜炎病毒引起的猫科动物的一种慢性、渐进性、致死性传染病。其以纤维性腹膜炎或胸膜炎和弥漫性脓性肉芽肿型为特征。不同年龄阶段的猫均可感染，其发病率较低，但病死率极高（几乎为 100％）。该病常与猫的其他疫病如猫白血病、猫免疫缺陷综合征、猫泛白细胞减少症等共同发生，可能与免疫抑制有关。

Holzworth 于 1963 年较详细的报道了本病的特有症状。1966 年 Wolf 等通过试验证明了本病的传染性，并命名为猫传染性腹膜炎。1977 年 Horzinek 等确定了该病病原为冠状病毒。

1. 病原

猫传染性腹膜炎病毒属冠状病毒科、冠状病毒亚科、冠状病毒属。病毒粒子大小为 7.5～16 纳米，呈圆形或多形性，螺旋对称，有囊膜，囊膜表面有 15～20 纳米的花瓣状纤突，病毒核酸为单股正链 RNA。猫传染性腹膜炎病毒与猫肠道冠状病毒同为猫冠状病毒的两种生物型，两者在形态上相同，但在生物学特性方面差异很大。前者毒力较强，可引起猫传染性腹膜炎，而后者毒力较弱，普遍存在于猫体内，只引起自愈性轻微肠炎。普遍认为：猫传染性腹膜炎病毒是由猫肠道冠状病毒突变而来。猫传染性腹膜炎病毒有 I 型和 E 型两种血清型；I 型株更有可能引起猫传染性腹膜炎。猫肠道冠状病毒与猫传染性腹膜炎病毒的交叉保护作用与两个病毒株的关系有关，如果两者关系极为密切，则能获得保护，如果关系疏远，则不会发生保护。

猫传染性腹膜炎病毒能在猫肺细胞、腹水细胞、小肠和器官等组织培养物内增殖，也在乳鼠、大鼠和地鼠脑内接种成功。

本病毒对外界环境抵抗力不强，一般消毒药均能使其灭活。对热、乙醚及氯仿等敏感，室温下 24 小时能失去活性。而对 5-碘苷、酚、低温和酸有较强的耐受性。

2. 流行特点

不同品种、年龄和性别的猫均可感染发病，但以 6 月龄至 5 岁的猫发病率较高，其中小于 1 岁猫的病例占多数，5 岁以上的猫不常见。公猫发病率远高于母猫，纯种猫发病率高于一般家猫。成猫或老猫有时也会发病，但多半伴随紧迫状况，如搬家、新猫入驻等。病猫和带毒猫为主要传染源，病毒随其粪便和尿液排出体外，污染食物、水源及环境和用具。易感猫主要通过消化道感染，吸血昆虫和鼠类也可作为传播媒介，怀孕母猫可通过胎盘垂直传播。

本病呈地方流行性，其发生无明显的季节性，发病率一般较低，但一旦发病，致死率几乎为100%。

3. 临床表现

实验感染病例的潜伏期为2～14天，自然感染的潜伏期长短不一，尚不确定。根据临床表现可将其分为渗出型和非渗出型两种病型。

（1）渗出型（湿型）　此型临床较为多见，占所有病例的60%～80%。病猫病初体温高达39.7～41.1℃，食欲减退、日渐消瘦，反应迟钝。渗出型病例病程较短，特征为体腔内蓄积不等量的浆液性渗出物。病猫脊椎两旁的肌肉逐渐消耗，触摸脊椎就像一根木棒挂着一个灌满水的气球一样。血常规检查可见白细胞增多。持续1～6周后，病猫腹部膨大、触诊无痛感，有波动（母猫常被误认为是妊娠）。当有胸水潴留时，病猫呼吸困难，听诊时肺部有杂音。发病后期部分病例出现黄疸现象，有些病例可能发生葡萄膜炎，并在剖检时发现与非渗出型相同的典型肉芽肿病灶。病程可持续2周至3个月，最终心力衰竭而死亡。渗出型腹膜炎中少数病例出现眼部和中枢神经系统症状。

（2）非渗出型（干型）　病猫除具有食欲不振、体重减轻、体温升高等症状外，其他症状视肉芽肿侵害的器官或组织而定。大约有50%的非渗出型病例会侵犯眼睛及中枢神经系统，病猫角膜水肿、虹膜睫状体发炎、眼房液变红、眼前房中有纤维蛋白凝块、出现脉络膜及视网膜炎，重症者可导致角膜穿孔而失明，有时眼部病变是本病唯一的临床表现。神经症状为后躯轻瘫、感觉过敏、痉挛、共济失调、抽搐、脑水肿、痴呆、性格改变、眼球震颤、头部翘起及转圈等。腹腔内的脏器受侵害时，肝脏和肠系膜淋巴结等受影响最严重，病猫可出现黄疸、呕吐以及肾脏肿大和肾功能衰竭。腹腔触诊可以明显地摸到肿大的肠系膜淋巴结。如果腹腔内大部分器官受到侵犯，病猫常表现慢性发热、体重减轻及沉郁。部分公猫可由于腹膜炎扩散而引起阴囊肿大。此外，有些非渗出型腹膜炎可能会发展成渗出型腹膜炎，病猫出现腹水。

4. 病理变化

渗出型病例可见腹腔内有大量黏稠渗出液，呈无色透亮或淡黄色，接触空气后易凝固。腹膜浑浊，腹膜及腹腔脏器表面覆有大量纤维蛋白渗出物。肝脏呈土黄色，表面有 1~3 毫米的小坏死灶且病灶深及肝实质。脾脏肿大，有黑红色梗死灶。肾脏表面散在分布针尖大小的暗红色出血点。肠系膜上存在黄豆样结节，质地较硬；肠系膜淋巴结肿大，肠黏膜出血。肺脏充血、出血，同时心包积液。

非渗出型病例可见脑水肿、肾脏肉芽肿、肠系膜和脾脏表面具有灰白色化脓灶，这些病灶可在小血管周围积聚起来形成脉管炎。组织学观察可见肝、肾、肠系膜淋巴结、脑脊膜等的小血管周围形成脓性肉芽肿。

5. 诊断

由于猫传染性腹膜炎缺乏特征性的临床症状，尤其非渗出型病例，因此最好是将临床检查、组织病理学和实验室诊断结合起来进行综合诊断。

临床检查主要通过血常规、X射线检查结合腹腔积液理化特点进行初步判断。血常规检查时，若患猫血液中中性粒细胞和单核细胞显著增多、淋巴细胞减少，提示体内有病毒存在。腹部X射线检查时可见腹腔浆膜细节消失或减少，而腹腔穿刺液检查时可见患猫渗出液蛋白含量高，李凡他试验阳性，腹水沉渣染色有大量巨噬细胞存在。对于较难诊断的病例，可开腹探查，取部分病变组织做实验室诊断。

实验室诊断时，由于健康猫体内也带有阳性抗体和少量的冠状病毒，因此不将病毒分离鉴定作为常规诊断方法。RT-PCR技术、ELISA检测技术和免疫组化检测技术可作为辅助诊断方法。利用RT-PCR技术诊断时应与临床检查相结合；利用ELISA检测技术检测抗原-抗体复合物时，注意可能存在假阳性；用免疫组化技术检测组织中的病毒抗原时，可用免疫过氧化酶染色。

6. 预防

目前尚未研制出可用于猫传染性腹膜炎预防的有效疫苗。由血清Ⅱ型DF2株制备的温度敏感突变株，通过鼻内接种能诱导很强的局部黏膜免疫和细胞免疫，且无抗体依赖性感染增强作用，对预防该病的发生有一定的效果，建议4月龄以上的猫可以使用。

适当的饲养管理措施可显著降低该病的发病率。饲养场所要避免过度拥挤，每天按时清扫粪便，保持环境卫生清洁，定期用0.5%新洁尔灭溶液、0.5%氯己啶溶液、0.2%甲醛溶液或其他消毒剂消毒；保持饲养场所温度和湿度适当，消灭猫舍内的吸血昆虫和啮齿动物，防止病毒传播。

严格隔离母猫及仔猫，4～6周龄时仔猫断奶并一直隔离仔猫到16周龄，可防止猫肠道冠状病毒感染及传染性腹膜炎。加强检疫，及时清除病猫，淘汰产过传染性腹膜炎仔猫的母猫和公猫。

7. 治疗

目前，猫传染性腹膜炎尚无有效治疗方法，一旦出现临床症状，通常是致死性。对症治疗及支持疗法只能缓解一些症状，起到一定的延长生命的效果，但不能治愈，病猫病情通常会持续恶化，最终死亡。极少数治愈的病例，可能与疾病所处的发展阶段、感染病毒毒力的强弱以及动物机体的抵抗力有关。因此，要降低猫传染性腹膜炎引发的死亡，最好的措施是加强饲养管理和做好预防措施。

七、猫艾滋病

猫艾滋病又称猫获得性免疫缺陷综合征，是由猫免疫缺陷病毒感染所致猫的慢性接触性传染病。本病主要侵害淋巴组织，从而导致免疫机能障碍。以严重的口腔炎、牙龈炎、鼻炎、腹泻以及神经系统功能紊乱和免疫机能障碍为特征。

1. 病原

猫免疫缺陷病毒属逆转录病毒科、慢病毒属。成熟的猫免疫缺陷病毒粒子呈球形或椭圆形，直径105～125纳米，由囊膜、核衣壳组成，核衣壳呈棒状或锥形，偏心，纤突较短。病毒从感染细胞的细胞膜上出芽而释放。在连续蔗糖梯度离心时，病毒于1.15克/立方厘米处形成区带，依此特性可进行病毒纯化。病毒基因组为单股正链RNA，长约9500nt。猫免疫缺陷病毒前病毒DNA基因组长9468～9474nt，长末端重复序列长355nt。

猫免疫缺陷病毒适合在猫源细胞培养物中生长，可感染猫T淋巴细胞、单核-巨噬细胞、胸腺细胞、脾细胞和脑细胞。常用于该病毒增殖的猫T淋巴细胞系有FL74、3201、MYA-1、Fel-039。其中MYA-1对多株猫免疫缺陷病毒均敏感，可用于病毒的分离、滴定和中和试验。培养时加入二价镁离子，病毒感染细胞可产生明显的细胞病变，包括合胞体形成、细胞中出现空泡和细胞崩解。MYA-1 细胞感染本病毒后发生细胞凋亡。

病毒对理化因素抵抗力不强，对热、脂溶剂、去污剂、酒精和甲醛敏感，但对紫外线有很强抵抗力。

2. 流行特点

本病主要见于家猫，感染率群养高于散养、流浪猫和野猫高于家养猫、公猫高于母猫，而绝育后的猫感染率较低。平均感染年龄为 3～5 岁。猫免疫缺陷病毒主要存在于被感染猫的血液、唾液及脑脊液中。病毒主要通过唾液和血液传播，争斗造成的伤口和虫螨叮咬也可传播。妊娠猫可通过子宫传染给胎儿，母子间还可通过初乳、唾液传染。病毒很少经交配传播，一般接触、共用饲槽和猫舍不能传播本病。人工通过静脉、皮下、肌内和腹腔内等途径接种易于感染，还能通过口腔、直肠、阴道感染。

本病呈世界性流行，但不同国家和地区感染率有所不同，介于 1%～28% 之间。

3. 临床表现

本病潜伏期较长，一般为 3 年。自然病例主要见于中、老年猫，临床上出现症状猫的年龄平均为 10 岁。发病猫临床上通常表现为 3 个时期：以发热和淋巴结炎为特征的急性期，症状不明显的亚临床感染期和免疫功能丧失导致多种机会感染的终末期。

（1）急性期 病猫出现不明原因的发热、精神不振、全身不适、淋巴结肿胀、腹泻、贫血和嗜中性粒细胞减少等症状。随后出现口腔炎，包括牙周炎、口炎及齿龈炎，病猫齿龈红肿、口臭、流涎，严重者因疼痛不能进食。约有 1/4 的病例出现慢性鼻炎和蓄脓症。病猫常打喷嚏，流鼻液；长年不愈，鼻腔内储有大量脓样鼻液。约 1/10 猫慢性腹泻，1/20 猫表现神经紊乱症状。猫免疫缺陷病毒阳性猫，发生前眼色素炎、青光眼及睫状体炎、视网膜变性和内视网膜出血。也有的发生肾病、皮炎和呼吸道病。

（2）亚临床感染期 随着病程发展，急性期症状消退，多数病猫进入无症状感染状态，病猫仅见淋巴结的轻微肿胀，但易从血液和唾液中分离到猫免疫缺陷病毒。这一阶段持续时间与环境、营养、免疫和遗传等因素有关，最长达 5 年，之后转入终末期。

（3）终末期 又称慢性期，为疾病的最后阶段，病猫常发生各种慢性病，如口腔炎、慢性呼吸道病、慢性皮肤病、持续腹泻、淋巴结病和泌尿道炎症等，最多见的是严重的口腔炎和牙龈炎，有些猫出现黏膜的溃疡和坏死。有的猫出现弓形虫病、附红细胞体病、隐球菌病、全身蠕形螨病和耳痒螨混合感染及血液巴尔通体病等。有的患猫因免疫力下降，体质极度虚弱，对病原微生物的抵抗力减弱，稍有外伤和继发感染即会导致菌血症而死亡。许多猫就诊时可发现肿瘤性疾病，如淋巴瘤或各种白血病。少量感染猫可见到神经机能异常，如头歪斜、颤动、持久性舔唇、易怒、攻击人畜、不怕寒冷、脑膜脑炎和脊髓炎等；也可见到炎症性眼部疾病及非特异性肾脏疾病。

4. 病理变化

口腔黏膜红肿、溃疡，结肠多发性溃疡灶，盲肠、结肠肉芽肿，空肠轻度炎症，淋巴结肿大，鼻黏膜淤血，鼻腔蓄积脓样分泌物。脑部有神经胶质瘤和神经胶质结节。

组织学检查常见淋巴滤泡增生发育异常呈不对称状，并渗入周围皮质区，副皮质区明显萎缩。脾脏红髓、肝窦、肺泡、肾及脑组织有大量未成熟单核细胞浸润。

血检可见血细胞容量<24%、白细胞总数<5.5×10^9个/升、淋巴细胞<1.5×10^9个/升、中性白细胞<2.5×10^9个/升及血小板<150×10^9个/升。

5. 诊断

依据临床症状和病理变化可初步诊断，确诊须依靠实验室诊断。

（1）病毒分离鉴定　取1毫升肝素抗凝的猫血液，与3倍的RPMT培养液混合，离心分离并收集淋巴细胞，然后加入含刀豆A（5微克/毫升）的细胞培养液进行培养，2～3天后清洗细胞，消除刀豆A对FIV增殖的抑制作用，并重悬细胞于不含刀豆A并加有白介素-2（100单位/毫升）的RPMT培养液中，然后加入被检病猫血液样品制备的血沉棕黄色层，37℃下培养14天后细胞出现病变，取其细胞病变培养物做电镜观察，或用血清学方法或分子生物学方法鉴定病毒。

（2）血清学试验　包括ELISA、免疫斑点试验、免疫荧光抗体技术（IFA）和免疫印迹试验等。由于抗体的出现与感染相比有滞后性，因此ELISA有时出现假阴性结果，所以抗体检测需要一定时间间隔重复进行。IFA和免疫印迹法常用于无症状但有临床暴露经历的假定健康猫检测。6月龄以下的猫检测抗体阳性时，需等到6月龄以上重复检测来确认感染。免疫印迹法可同时检测几种病毒蛋白抗体，因而是最特异的抗体检查方法。近年来，逐步应用重组蛋白或人工合成的多肽代替病毒裂解物作为抗原，ELISA的特异性已经得到很大的改进。

（3）PCR诊断　用PCR检测血液中的FIV前病毒DNA，具有良好的特异性，但偶尔也会出现假阳性的结果。

6. 预防

合理的预防措施有利于减少本病的发生。引进猫应进行猫免疫缺陷病毒感染检测，并在条件允许时，隔离饲养6～8周后，检测猫免疫缺陷病毒抗体，只有猫免疫缺陷病毒抗体阴性猫才可领养。公猫应施行去势手术，限制猫的外出，以避免接触游走或流浪猫，防止猫因争夺领地、配偶等发生的打斗、咬伤。加强消毒，改善饲养环境，改进饲养方式，减少各种应激因素；对抗体阳性猫、呈持续性感染而无临床症状表现的猫，采取相应措施尽快淘汰；病（死）猫集中处理或焚烧，彻底消毒。

猫免疫缺陷病毒疫苗研发获得了许多成功，包括灭活苗、弱毒苗、DNA载体苗、亚单位疫苗和合成肽疫苗等。但由于在敏感种群中循环的不同毒株之间交叉保护力较差，因此，猫免疫缺陷病毒疫苗一般认为没必要接种。仅对于处于高危环境的猫可考虑接种。

7. 治疗

本病目前尚无有效的治疗药物和疗法，必要时可采用支持疗法，主要是对相关并发症进行治疗。建议对猫免疫缺陷病毒阳性猫每隔4～6个月进行检查，以便发生问题时及早进行干预。

八、伪狂犬病

伪狂犬病，是由伪狂犬病病毒引起的一种急性致死性多种动物共患传染病。除猪以外的其他动物通常具有发热、奇痒和脑脊髓炎等典型症状。猪是伪狂犬病病毒的储存宿主，其他动物通常由猪传染而成为终末宿主。绝大多数病猫是通过采食病猪肉或病鼠而感染本病，一旦感染则终身带毒。该病发病突然，病死率高达100%。

1. 病原

伪狂犬病病毒即猪疱疹病毒Ⅰ型，又称传染性延髓麻痹病毒、奇痒症病毒、奥叶兹基氏病病毒，属于疱疹病毒科、疱疹病毒属。病毒粒子呈圆形或椭圆形。病毒在细胞核内繁殖，核衣壳包裹囊膜通过出芽成熟，成熟的病毒颗粒蓄积在宿主细胞胞浆中的空泡内，通过胞吐作用或细胞崩解释出。位于细胞核内无囊膜的病毒粒子直径约 110～150 纳米；位于细胞质内有囊膜的成熟病毒粒子直径约 150～180 纳米。囊膜表面有呈放射状排列的纤突，长约 8～10 纳米，包含病毒所编码的糖基化及非糖基化蛋白。伪狂犬病病毒基因组为线状双股 DNA，长约 150kb，编码 70～100 种蛋白。

伪狂犬病病毒只有一个血清型，但不同毒株毒力有所差异。病毒能在鸡胚原代细胞及多种动物的传代细胞，如猪肾细胞 PK-15、IBRS-2 上生长繁殖，形成核内包涵体和细胞病变。家兔和小鼠等实验动物可用于病毒的分离。

伪狂犬病病毒对外界环境抵抗力较强，在污染的环境中可存活 1 个多月，在肉中可存活 1 周以上。常用消毒剂均能有效杀灭该病毒。

2. 流行特点

伪狂犬病病毒易感动物谱广泛，犬、猫、牛、猪、鼠及绵羊和水貂等皆可感染，其中猪是病毒的储存宿主，实验动物中以家兔和小鼠最易感。病猪、带毒猪以及带毒的啮齿动物为本病的重要传染源。病毒可经多种途径排出体外，污染环境及饲养管理用具。易感动物通过直接或间接接触而感染。犬、猫常因食入病鼠、病猪内脏经消化道感染，或通过被病猫尿液或其他组织液污染的饲料或饮水而感染，也可经呼吸道或伤口感染。犬猫之间，或者猫与人之间不会传染。动物一旦患病，则很难康复。

本病呈广泛性世界分布，多发于冬末春初。

3. 临床表现

本病潜伏期一般为 3～6 天，少数为 10 天。病猫主要以神经症状为主，表现为病初精神沉郁、凝视、流涎、瘙痒、抵擦皮肤。继而躁动不安，极度兴奋，持续吼叫，并伴有呕吐、流涎和吞咽困难；病猫常因皮肤奇痒而用牙啃咬或用爪抓搔，从而造成皮肤破损溃烂。病程后期，病猫狂躁不安，感觉过敏，拒绝人的接触，但不出现攻击行为。病程 2～4 天，最后痉挛而死。隐性感染的母猫可影响猫仔，可见幼仔眼球突出、瞳孔不均匀等症状。

4. 诊断

根据流行病学，结合临床症状即可做出诊断。必要时采集病料进行实验室确诊。

（1）病毒分离和鉴定　采集病猫脑组织、扁桃体、脊髓或脾脏等，用 PBS 制成 10％悬液接种猪肾传代细胞、仓鼠肾传代细胞（BHK-21）或鸡胚成纤维细胞（CEF），在接种后 24～72 小时内出现典型的细胞病变。分离的病毒再用标准血清做中和试验以确诊。

（2）动物接种试验　病料悬液经 2000 转/分离心 10 分钟，取上清 1～2 毫升经腹侧皮下或肌内接种家兔或小鼠，通常在 36～48 小时后注射部位出现剧痒，注射部位的皮肤脱毛、破皮和出血，继之四肢麻痹，体温下降，卧地不起，最后角弓反张、抽搐死亡即可确诊。

（3）取自然病例的组织如脑或扁桃体压片或冰冻切片，用直接荧光抗体技术检查，常可于神经节细胞的胞质及核内检测到病毒抗原，几个小时即可获得可靠结果。

也可用 PCR 进行确诊，具有快速、敏感、特异性强等优点，能同时检测大批量生物样品，并能进行活体检测。

5. 预防

采取严格的预防措施可有效控制本病的发生。对圈舍、垫草等采取合理的消毒措施，及时清理动物的粪尿，避免犬、猫与猪接触，防止饮用猪场附近的水源，禁止将生猪肉饲喂猫，消灭猫生活环境中的鼠等疫源动物。国外有供预防本病的灭活疫苗，但国内尚无理想疫苗。

6. 治疗

本病尚无有效治疗措施，早期可使用高免血清，可延缓病程，但无法治愈，因此临床上怀疑为本病时，实施安乐死并进行病原鉴定。

第二节　猫细菌性传染病诊疗

一、猫结核

结核是由分枝杆菌科、分枝杆菌属的某些成员引起的人和动物共患的慢性传染病。其病理特征是在多种组织器官中形成肉芽肿、干酪样坏死和钙化结节等病变。可侵犯全身各器官，以肺结核最为多见。感染途径主要是通过呼吸道和消化道。结核杆菌在人和动物间可交互传染，分布广泛。

1. 病原

该病主要分为三种类型：人型结核、牛型结核和禽型结核。人型结核主要由结核分枝杆菌、牛分枝杆菌、非洲分枝杆菌和田鼠分枝杆菌引起。牛型结核主要由牛分枝杆菌引起。禽型结核主要由禽分枝杆菌引起。三个型之间可以相互传染，特别是牛型和人型，大约有 10%的人型结核由牛分枝杆菌引起。

本菌长 1.5～5.0 微米、宽 0.2～0.5 微米。各型稍有差异。结核分枝杆菌是直的或微弯的细长杆菌，间或有分枝状，单独或平行相聚排列。牛分枝杆菌比结核分枝杆菌粗短。禽分枝杆菌短而小，呈多形性。

本菌为革兰氏氏阳性菌，无荚膜，不产生芽孢，也不能运动。用姜-尼二氏抗酸性染色剂染成红色。菌体着色不均匀，常呈颗粒状。该菌为需氧菌。本菌对温度要求严格，结核分枝杆菌和牛分枝杆菌最适温度为 37～38℃，禽分枝杆菌为 38～40℃。最适 pH，结核分枝杆菌为 7.4～8.0、牛分枝杆菌为 5.9～7.4、禽分枝杆菌为 7.2。常用的分离培养基有 Lowen-stesin Jensen、Coletsos 和 Stonebrink 等，结核杆菌在人工培养基上生长缓慢，经 2～3 周甚至更长时间才能长出菌落。

由于本菌含有多量类脂和蜡质，所以对外界的抵抗力较强。在干燥的痰内可存活 6～8 个月，对 4%氢氧化钠和 4%硫酸有相对的耐受性，对低浓度的结晶紫和孔雀绿等染料也有抵抗力。对热的抵抗力不强，60℃30 分钟即失去活力，100℃立即死亡。对紫外线敏感。在 70%的乙醇、10%的漂白粉中很快死亡。对一般抗生素和磺胺类药物均不敏感，但对链霉素、异烟肼、对氨基水杨酸和环丝氨酸等药物敏感。

猫的结核病，大部分分离出牛型结核杆菌，这是由于猫食入了含有牛结核杆菌的牛奶引起的。还可因接触了患结核病人的痰液或与患结核病猫而发病。

2. 流行病学

患有结核病的动物是本病的传染源，尤其是开放性的患病动物，可通过其粪、尿、口鼻分泌物、乳汁等大量向外排菌，是最危险的传染源。

本病主要通过呼吸道和消化道感染，交配也可以感染。患病动物喷出的飞沫和被污染的尘埃是引起呼吸道感染的主要途径，被患病动物污染的饲料和饮水是消化道感染的主要感染物。

3. 症状

多数病例存在病变，但不表现出症状。白细胞增加、发热、贫血及体重减轻。感染消化道的情况比较多见，咽部扁桃体糜烂及颌下淋巴结肿大；此外，还有呕吐和腹泻，有时还看到腹水和肠系膜淋巴结肿大。呼吸道感染时，发生呼吸困难和肺气肿。经常看到皮肤病变，表现为顽固性皮肤溃疡。

4. 病理变化

结核病病变的主要脏器是肺脏、乳房、肠道、淋巴结及其他脏器，主要以结核结节的形式表现出来。肺脏出现有粟粒大小至蚕豆大小，甚至鸡蛋大小的黄白色结节，结节由包膜包裹，其内充有白色干酪样的物质，有的呈钙化状，刀切有沙砾感；有的坏死组织溶解或软化，排出后形成空洞。胸膜上出现密集的、一般为粟粒至豌豆大小半透明灰白色结节，结节比较坚硬。断面呈灰白色干酪样坏死。此情况多发生于牛，俗称为"珍珠肿"。淋巴结肿大，切面外翻，有白色或灰白色坏死点，有的钙化。肺门淋巴结及纵隔淋巴结是最常见的病变淋巴结。乳房内可见大小不一的病灶，内含干酪样物质，病灶周围是一层包膜，包膜外可出现充血等。乳房淋巴结常出现结核病变。禽结核多发生于肠道，常出现肿瘤性结节，突出于肠腔，质度硬。断面为干酪样物质，刀切有沙砾感。除结核结节外，有时呈现弥散性渗出性炎症。病理组织学变化主要是以增生性肉芽肿为特征的炎症反应。在结核结节的包囊中，其内层为上皮样细胞和多核的郎罕氏细胞，其外层为密集的淋巴细胞。在包囊中间为死亡的细胞、细菌及分泌物形成的干酪样物质。渗出性炎症是以淋巴细胞弥散性浸润为主，伴有纤维蛋白渗出。

5. 诊断

结核病的诊断方法较多，有临床诊断、病理剖检、病原分离及血清学诊断等，但生前确诊该病比较困难，若怀疑本病时，可按照如下顺序进行确诊。

（1）详细进行临床检查。

（2）结核菌的检出　取咽拭子或直肠拭子、腹水及病变皮肤等病样进行培养，做抗酸菌染色。

注意：结核菌素反应及 BCG 皮内反应对猫无效。

6. 治疗

异烟肼、利福平及链霉素等均可使用，但治疗需要很长时间，并且病猫可以作为传染源，所以从公共卫生学角度是很危险的，建议实施安乐死。

二、破伤风

破伤风，俗称"锁口风"，是由破伤风梭菌经伤口感染引起的一种人和动物共患的急性中毒性传染病。破伤风梭菌广泛分布于土壤中，其芽孢侵入创口并发育、增殖后产生外毒素，后者经末梢神经侵入中枢神经系统，引起强直性痉挛。与呼吸运动有关的肌肉痉挛会导致呼吸功能丧失，发生死亡。临床上以骨骼肌持续性痉挛和神经反射兴奋性增高为特征。本病广泛分布于世界各国，呈散在性发生。

1. 病原体

破伤风梭菌为一种大型厌氧性革兰氏阳性杆菌，多单个存在。本菌在动物体内外均可形成芽孢，其芽孢在菌体一端，似鼓槌状或球拍状，多数菌株四周有鞭毛，能运动，不形成荚膜。可在无氧状态的创口中增殖。由于破伤风梭菌适于在这种环境中生长，所以会在其他化脓性细菌增殖、深部创口或创口闭合时存在。

产生的破伤风外毒素包括引起痉挛的毒素和引起溶血的毒素两种。痉挛毒素是一种作用于神经系统的神经毒素，是引起动物特征性强直症状的决定性因素，亦是毒性仅次于肉毒梭菌毒素的细菌毒素。局部产生的毒素被末梢神经吸收，沿神经纤维向中枢侵袭，或者随血液循环到达脊髓前角的运动神经元。

猫只是偶发本病，这是因为猫对破伤风毒素具有强大抵抗力（是马的 2400 倍），同时猫会频繁地舔舐创口，局部形不成破伤风梭菌增殖的环境。本病潜伏期为 2～15 天，猫和其他动物的潜伏期均在此范围。

本菌繁殖体对理化因素抵抗力较弱，一般化学消毒药物均能在短时间内杀死，煮沸 5 分钟即可死亡。而其芽孢抵抗力很强，煮沸需 10～90 分钟、干热 150℃ 1 小时、高压 15～20 分钟才能杀死。3% 的甲醛溶液 24 小时、5% 来苏儿 5 小时可将其杀死。芽孢在阴暗干燥处能存活 10 年以上，在土壤表层能活数年。对青霉素敏感，磺胺类有抑菌作用。

2. 流行病学

本菌广泛存在于自然界，人、畜粪便，尤其是施肥的土壤、腐臭淤泥中都可带有，通过伤口直接污染传播。感染常见于各种创伤。这种伤口必须具备小而深、内部发生坏死等特点或创口被泥土、粪便、痂皮等封闭或创内组织严重损伤、出血、有异物并与需氧菌混合感染而造成厌氧环境，破伤风梭菌才能生长繁殖，产生毒素，引起发病。在临床诊断上有 1/3～2/5 的病例查不到伤口，可能是创伤已愈合或可能经子宫、消化道黏膜损伤感染。

3. 发病机制

当破伤风梭菌芽孢侵入机体组织后，在有深创、水肿及坏死组织存在的条件下，或有其他化脓菌或需氧菌共同侵入时，菌体能大量繁殖，产生毒素，引起发病。破伤风痉挛毒素通过外周神经纤维间的空隙上行到脊髓腹角神经细胞，或通过淋巴、血液途径到达运动神经中枢。研究证明，毒素与中枢神经系统有高度的亲和力，能与神经组织中神经节苷脂结合，封闭脊髓抑制性突触，使抑制性突触末端释放的抑制性冲动传递介质（甘氨酸）受阻，这样上下神经元之间的正常抑制性冲动不能传递，由此引起了神经兴奋性异常增高和骨骼肌痉挛的强直症状。下行性破伤风的强直性痉挛起始于头、颈部，随后逐渐波及躯干和四肢，上行性破伤风最初在感染周围的肌肉出现强直症状，然后扩延到其他肌群。痉挛毒素对中枢神经系统有抑制作用，导致呼吸功能紊乱，进而发生循环障碍和血液动力学的紊乱，出现脱水、酸中毒，这些紊乱成为破伤风患病动物死亡的原因。

4. 症状

根据肌肉强直的程度其症状有所不同。重症病例表现为四肢及背部肌肉强直，角弓反张，因咬肌强直而不能开口，因胸部及腹壁肌肉强直导致呼吸困难和排尿困难，因舌及周围肌肉强直而致吞咽困难。此外，因颊部肌肉强直而致牙关紧闭。急性病例可在 2～3 天内死亡。症状轻者仅表现暂时的牙关紧闭，可以行走，但上述症状会程度不同地存在。

5. 诊断

根据特征性症状即可作出诊断，但因猫极少发生本病，所以症状较轻者有可能漏诊。因而，虽然病情较轻，但看到有伴随肌肉强直出现的各种症状时应怀疑本病。从感染部位取渗出液涂片镜检，有时可发现革兰氏阳性梭菌的大鼓槌状的端生芽孢。病理学诊断无意义。

6. 治疗

本病的治疗主要是确保呼吸道、血管和尿道的通畅。

将猫移到光线暗淡而安静的房间，避免外来各种刺激（声、光、接触等），对躺卧的病猫应放在柔软温暖的小床上并注意保温。对病菌及其他化脓性细菌感染的创口行清创术，用过氧化氢消毒。此后给予局部和全身抗生素处理。皮下注射青霉素 G 普鲁卡因（4万单位/千克，1 次/天），或皮下或静脉注射青霉素 G（2 万单位/千克，4 次/天）或者静脉注射阿莫西林（5～10 毫克/千克，4次/天）。

抗毒素血清疗法：皮下或肌内注射破伤风抗毒素血清（每天1000 单位/千克）。使用的抗毒素由于是马的血清，给猫注射时有时可能发生过敏性休克，应注意做好抢救准备。

肌肉松弛药及解痉药可用 6 毫克/千克苯巴比妥，以后作为维持量减半使用或者静脉注射地西泮（1～5 毫克/千克）。也可静脉或皮下注射氯丙嗪（1～2 毫克/千克，2 次/天）。

输液疗法：患本病的猫因食物和水的摄入困难或完全不能摄入，所以需要输液补充水分、电解质及营养物质。完全不能饮水时，生理盐水按每天 50～70 毫升/千克，再追加此量的 1/3 作为补加量，静脉点滴。

确保呼吸道通畅，痉挛严重、呼吸困难时，可行气管导管插管术进行人工呼吸。确保尿路通畅，注意观察日常的排尿量。猫自行排尿困难时，压迫膀胱或用其他方法帮助排尿。

三、布鲁氏菌病

布鲁氏菌病是由布鲁氏菌引起的以生殖器官和胎膜发炎，导致流产、不孕、关节炎、睾丸炎等为临床特征的人畜共患传染病，猫对布鲁氏菌具有一定抵抗力，常常不呈现出犬布鲁氏菌病那样明显的临床症状。目前，本病呈世界性分布，各地有不同程度的流行。

1. 病原

布鲁氏菌分类上属于布鲁氏菌属，为革兰氏氏阴性小杆菌，大小为（0.4～0.8）微米×（0.6～3.0）微米，姬姆萨染色呈紫色。本菌呈球形或卵圆形，多单个存在。无鞭毛，不运动，不形成芽孢，S型菌有荚膜。本菌专性需氧，但在初代培养时尚需 $5\% \sim 10\% CO_2$。能利用葡萄糖、木糖和其他糖类，对过氧化氢酶和氧化酶为阳性，还原硝酸盐，有的菌种产生不同程度的 H_2S，水解尿素，不产生靛基质，不液化明胶，不溶血，吲哚、甲基红和 VP 试验阴性。

本菌分为 6 个种 20 个生物型，即马耳他布鲁氏菌属（羊种）生物型 1～3、流产布鲁氏菌（牛种）生物型 1～9、猪布鲁氏菌生物型 1～5、绵羊布鲁氏菌、沙林鼠布鲁氏菌和犬布鲁氏菌。

迄今，尚未查明引起猫布鲁氏菌病的特定布鲁氏菌的种类。虽然进行了犬布鲁氏菌、流产布鲁氏菌和马耳他布鲁氏菌的感染试验，但试验猫除呈现一过性抗体升高外，均没有出现临床症状。

本菌对营养要求较高，生长液中一般需要大量维生素 B_1，在含有少量血液、血清（牛血清除外）、肝浸液、马铃薯浸液、甘油、胰蛋白酶时生长良好，常用肝汤、肝琼脂、胰蛋白酶和马铃薯琼脂等培养基培养。菌落有光滑型（S）和粗糙型（R）。在平板琼脂上培养48～72小时后，出现细小、圆形、隆起的菌落。表面光滑湿润，边缘整齐。在理化、生物和自然因素作用下易发生变异，长期培养常发生S-R变异，引起毒力和抗原性的改变。本菌需pH6.1～8.4，以pH6.6～7.4最适宜；在20～40℃范围内均可生长，最适培养温度为37℃。

本菌为细胞内寄生菌，在自然条件下抵抗力较强。一般在直射阳光作用下0.5～4小时、室温干燥5天、50～55℃60分钟、60℃30分钟或70℃10分钟死亡；在粪便中可存活8～25天；土壤中可存活2～25天；在奶中存活3～15天；胎儿体内可存活6个月；在腐败的尸体中很快死亡；冰冻状态下能存活数月。对消毒药比较敏感，用2%～3%克辽林、3%有效氯的漂白粉溶液、1%来苏儿、2%福尔马林或5%生石灰乳等进行消毒有效。本菌对四环素最敏感，其次是链霉素和土霉素，但对杆菌肽、多黏菌素B和多黏菌素M及林可霉素有很强的抵抗力。

2. 流行病学

本病的易感动物范围很广，如牛、牦牛、野牛、水牛、羊、羚羊、鹿、骆驼、猪、野猪、马、狗、猫、狐、野兔、猴、鸡、鸭和部分啮齿类动物以及人，其中主要是羊、牛、猪。鹿对本病也敏感，北极狐和貂易感。

传染源是患病动物和带菌者（包括人和野生动物）。患病动物可以从乳汁、粪便和尿液中排出病原菌，污染草场、畜舍、饮水、饲料及排水沟等。公畜睾丸炎精囊中带菌，随交配或人工授精感染母畜。患病母畜流产时，病菌随胎儿、胎水和胎衣及阴道分泌物等排出，成为最危险的传染源。本病主要传播途径是消化道，即通过污染的饲料和水源等而感染。本菌也可经过阴道、皮肤、结膜、自然配种和呼吸道等而侵入机体感染。吸血昆虫也可传播本病。

本病呈地方性流行，无明显季节性，但以春季产仔季节较多见。一般公畜比母畜感染率高，成年动物比幼龄动物发病多。母畜患病主要表现流产，多数只流产 1 次，流产 2 次的较少。当饲养管理不良、光线不足、通风不良、动物房舍拥挤、饲料不足等情况下，机体抵抗力降低时，可促使本病发生，甚至流行。

人的传染源主要是患病动物，不同种布鲁氏菌对人的易感性不同。羊种布鲁氏菌对人的侵袭力和致病性最强；其次为猪种布鲁氏菌，尤其猪布鲁氏菌亚种 1 和亚种 3，牛布鲁氏菌病疫区，感染率高，但发病率低，呈散在发病。患者有明显职业特征，凡与病畜、污染畜产品接触多的人，如牧区牧民、毛皮加工、挤奶、食生乳者和科研人员等，其感染发病率明显高于其他职业人群。

3. 发病机制

本菌接触并穿过黏膜上皮侵入机体，淋巴细胞和浆细胞在黏膜下聚集。入侵的细菌进入淋巴管而定居于局部淋巴结。淋巴结由于淋巴细胞和网状内皮细胞的增生和浸润而增大；细菌进入血流引起菌血症、体温升高和抗体产生；细菌则藏在中性粒细胞和巨噬细胞内逃避了宿主免疫作用而长期生存。同时，病菌通过血流散播于生殖系统和其他器官，如脾、肝、骨髓、乳腺组织、关节、腱鞘、滑液囊、睾丸、附睾和精囊等，引起不同程度的病理变化或炎症。部分细菌从粪、尿中排出，或在引起病理变化过程中死亡。

赤鲜醇在生殖系统器官内含量比较高，可促进本菌生长。因此，本菌首先感染胎盘，并位于慢性滋养层中，引起胎盘化脓和坏死性病变，使胎儿发育不良，引起流产。或因坏死组织机化形成肉芽组织，使胎儿胎盘与母体胎盘之间紧密地结合起来，引起流产后胎盘滞留不下。子宫炎症长期持续或当卵巢被侵害时，则造成流产后的不孕。愈后的子宫有的能再妊娠，此时乳腺组织或淋巴结中的病原菌可再经血管侵入子宫，可能引起再流产。

4. 症状

多数猫感染布鲁氏菌观察不到明显的临床症状，往往不治而愈。有报道自然感染布鲁氏菌而发生睾丸炎的，但对病原菌没有进行进一步鉴定；还有报道称，从流产的猫子宫内分离到马耳他布鲁氏菌。流产布鲁氏菌和马耳他布鲁氏菌感染家猫时，出现食欲不振、虚脱、结膜炎、咳嗽、关节肿胀和疼痛等症状，与此同时抗体效价显著提高，之后又迅速下降。

5. 治疗

布鲁氏菌病为人畜共患病，因此病猫在确诊后应立即淘汰。

四、猫传染性贫血

血巴尔通体病是由血巴尔通体感染并寄生于红细胞而引起的，以溶血性贫血为主要临床特征的传染病。

1. 病原

血巴尔通体属立克次氏体目、微粒孢子虫科、血巴尔通体属，该属可感染多种动物，其中血巴尔通体的病原性最强，其感染途径尚不十分清楚。目前，根据流行病学调查资料，有两种观点，即密切接触互相打斗经伤口感染和吸血昆虫作为传播媒介感染。在实验条件下，可经健康猫皮下、腹腔和静脉内接种病猫血清进行人工感染。经口腔接种也可发病。

被感染的猫红细胞中的血巴尔通体，经姬姆萨氏染色后，大部分被染成直径为 $0.4 \sim 0.8$ 微米的球状小体，但有的呈杆菌状或环状。感染初期，在红细胞表面仅能见到 $1 \sim 2$ 个血巴尔通体，但是，随着病情的发展，几乎所有的红细胞表面都附有多个血巴尔通体。通常情况下为 2 个以上呈对称性分布，但有时也呈链锁状排列。本病的最大特点是多数血巴尔通体可在短时间内消失。急性感染时，一般仅仅经过数小时就会从血中消失，最长也只有 2～3 天，其后以不定期地间断性（2～7 天）反复出现。慢性感染的病例，经 7～10 天后仅能在红细胞表面见到少数的血巴尔通体。

2. 症状

急性病例在出现血巴尔通体的同时，红细胞数急剧减少。随着贫血的逐渐加重，红细胞数可下降至 1×10^6 个/微升以下，最终导致病猫死亡。

触诊可感知肿大的脾脏。脾脏的肿大程度依不同的发病阶段而异，故有时触诊难以感知。精神沉郁，食欲废绝。在血巴尔通体出现时呈现 40℃ 左右的高热，而在血巴尔通体消失后，则呈现低热。呼吸促迫，在高度贫血时显著。在慢性病例，呈现体重减轻和被毛粗乱。在急性病例偶尔出现黄疸及血红蛋白尿。

3. 临床病理

红细胞渗透压抵抗力减弱。感染猫的红细胞对于低渗氯化钠溶液的渗透压抵抗力显著下降，即使 0.8%～0.9% 食盐溶液也能使其溶血。末梢血液中网状红细胞（多染性红细胞）和幼红细胞增加，本病贫血是因为感染的红细胞在网状内皮系统受到破坏而发生的溶血性贫血，所以骨髓的造血功能亢进，导致末梢血中的幼红细胞增加。单核细胞增加并吞噬红细胞，通常白细胞数不发生显著变化，但在急性病例，常常呈现单核细胞增加，并在末梢血液中观察到吞噬红细胞象。血清结合球蛋白减少。剖检时除严重贫血和脾脏肿大之外，无显著异常变化，但有时可出现黄疸。

4. 诊断

检出红细胞血巴尔通体，应认真制作高质量红细胞涂片并正确染色。若在标本上附有微小的灰尘或染色液的色素，则往往被误认为是血巴尔通体。此外，当标本固定不良时（使用过期甲醇时易发生），由于红细胞出现空泡而无法观察。

由于血巴尔通体有时不出现于血中，因此，可疑时可连续 4～5 天制作血液涂片标本，并进行镜检（也可用油镜）。红细胞渗透压抵抗力试验为最有效的辅助诊断方法，具体方法：制作 0.7%～0.8%食盐溶液，取其抗凝血液 4～5 毫升，轻轻混合后进行离心，或在冷藏柜中搁置一夜，然后观察其上清液的颜色变化，如果患有此病则上清液呈溶血颜色。

在多数急性病例，可触摸到肿大的脾脏。

5. 鉴别诊断

贫血和脾肿大为其主要症状，因此本病应与白血病加以鉴别。

白血病性贫血为再生不良性贫血病，因此，观察不到末梢血液中的多染性红细胞的增多及红细胞大小的显著变化。一般情况下，白血病时脾脏肿大非常明显（巨脾），而且脾脏肿大不随病程出现显著变化。

6. 治疗

在 7～10 天内，皮下或肌内注射盐酸土霉素（50～100 毫克）。不过该法很难完全消除血巴尔通体。持续性高度贫血时，可予输血（5～10 毫升/千克）。投予高蛋白食品（肉类）和维生素制剂（主要是 B 族维生素）。对于急性贫血，为维持心脏功能，可使用强心剂和肾上腺素。一般情况下，若不伴发合并症则预后良好。但是，如果不实施适当治疗，就会转为慢性，贫血状态可持续 4～5 周。

7. 预防

病猫在痊愈后的很长时间内，仍携带有血巴尔通体。因此，这些猫不能用于输血供体，并禁止摘取脾脏。

五、非典型分枝杆菌感染

本病是由结核菌和猫麻风菌以外的分枝杆菌感染引起的皮肤结节性病变。

1. 病原

引起本病的致病菌属于非典型分枝杆菌群中的 $1 \sim 4$ 型，最常从病灶分离出的病原菌是 4 型，这是一种增殖较快的病原菌。非典型分枝杆菌的大部分在自然环境下广泛存在，感染通常均为创口处的机会性感染。

2. 症状

皮肤及皮下组织中出现结节、溃疡及瘘管。主要发生于下腹部及胸部。

3. 诊断

（1）分枝杆菌的检出 结节的按印标本、渗出物的涂抹标本或者活检材料的病理组织学检查中确认到嗜酸菌。培养非典型分枝杆菌 4 型所属的分枝杆菌，通常在血液琼脂培养基上，$2 \sim 4$ 天即可增殖。接种试验给豚鼠接种，即可复制出感染模型，而且豚鼠也不会死亡。

（2）鉴别诊断 应注意与其他分枝杆菌感染（结核病、鼠麻风病）、深部真菌病及结节性皮下脂肪炎等鉴别。

4. 治疗

细菌可以培养时，应进行药物敏感试验来选择用药，口服四环素（20～50 毫克/次，3 次/天）通常有效。病灶比较局限时，可尝试外科手术，但多数可复发。

六、猫麻风病

猫麻风病是一种皮肤肉芽肿性结节性感染，是稀有的皮肤疾病，但猫比起其他饲养动物较为易感。由于可从野生动物或野鼠中分离到鼠麻风杆菌，因此，有些人认为鼠的麻风杆菌可能感染猫。

1. 病原

从猫麻风病患猫体内分离的分枝杆菌给小鼠或大鼠接种后，显示跟鼠麻风病完全相同的症状，所以人们认为鼠麻风病与猫麻风病是同一致病菌所致。

另外，病灶多发于头部及四肢等易被老鼠咬到的部位，所以猫的感染，被认为是与啮齿类动物接触或被其咬伤所致。但是，这种菌难以人工感染猫。跟人麻风一样，感染的发生可能与猫的免疫功能低下有关，但患本病的猫其免疫功能是否低下尚不清楚。猫的年龄、品种及性别与发病率无关。

2. 症状

病灶可见于身体任何部位，但多数在头部、颈部及四肢等处易被老鼠咬伤的部位单发或多发。呈直径 5～35 毫米的圆形或椭圆形柔软肉样皮下结节或变成脓肿，难以自然治愈。病灶表面皮肤虽有时正常，但多数情况下形成瘘管或溃疡或肉芽肿。无痛痒感，常见局部淋巴结肿大。

通常全身状态良好，偶尔会引起全身感染，伴随着多发性的皮肤病灶，肝、肺及脾等内脏中也会形成肉芽肿，此时一般病情恶化。

3. 实验室检查

直接标本涂片。将玻片直接按压在病灶上后，革兰氏氏染色或姜-尼氏染色，在组织团块和郎罕氏巨细胞中可观察到大量的革兰氏氏阴性分枝杆菌。与此类似的皮肤结核细菌量少，难以发现。

病理学检查。呈现结节性乃至弥漫性皮炎，以及伴有不同程度的溃疡、坏死或局部钙化的肉芽肿或者化脓性肉芽肿性皮炎的变化。多核白细胞、淋巴细胞及浆细胞的浸润，有时可观察到郎罕氏巨细胞。淋巴结中也同样可见含有分枝杆菌的细胞和类上皮反应。与此类似的皮肤结核中常见干酪样坏死，而猫麻风病非常少见。

动物接种试验。本菌不能培养，所以给动物接种时使用感染组织的乳剂。为与结核区别，接种豚鼠，本菌接种豚鼠不会致豚鼠死亡，但结核菌接种会产生特征性变化。另外，本菌给小鼠接种时，会造成与猫麻风病及鼠麻风病同样的病变，在接种局部和附近淋巴结会产生含有大量该细菌的病灶。

4. 诊断

参考病历和各种检查结果作出诊断。需要与结核、非典型分枝杆菌性肉芽肿、异物、深部真菌病、慢性细菌感染、肿瘤（肥大细胞瘤、组织球瘤、癌及淋巴瘤）加以鉴别。

5. 治疗

外科切除法。与健康组织界限分明的单一病灶，尽可能外科切除是临床上首选的治疗方法。化学疗法可用各种人用的麻风治疗药〔氨苯砜 50～100 毫克/（千克·天），利福平 5 毫克/（千克·天）〕治疗猫麻风病，但疗效不确切，且氨苯砜会导致溶血性贫血和中毒（神经症状），需要注意。有人建议可将链霉素直接注入病灶内。

七、沙门氏菌病

沙门氏菌病，又名副伤寒，是由沙门氏菌引起的以败血症、肠炎或怀孕母畜流产等为临床特征的人畜共患传染病。猫对沙门氏菌具有一定抵抗力，因此，发病率和健康带菌者均比其他动物少。不过在卫生条件较差的环境下成群饲养的幼猫，发生应激或感染猫白血病病毒的成年猫，由于免疫功能受到抑制而发生该病。最近的研究表明，猫与人的沙门氏菌病有关联。

本病分布于世界各地，是一种重要的人畜共患病，尤其是近 40 年本病的发病率有所增加，对人和动物的健康造成了巨大威胁。

1. 病原

在猫沙门氏菌病中，鼠伤寒沙门氏菌的检出率较高。不过从猫体中至少分离出 23 种不同血清型，即鸭沙门氏菌、亚利桑那沙门氏菌、巴雷利沙门氏菌、布雷登尼沙门氏菌、剑桥沙门氏菌、猪霍乱沙门氏菌、康科德沙门氏菌、古巴沙门氏菌、东那沙门氏菌、爪哇沙门氏菌、啰米他沙门氏菌、麦可伦沙门氏菌、密新沙门氏菌、蒙得维尼亚沙门氏菌、纽波特沙门氏菌、奥拉宁堡沙门氏菌、甲型副伤寒沙门氏菌、乙型副伤寒沙门氏菌、法尔沙门氏菌、浦那沙门氏菌、鸡瘟沙门氏菌、圣胡安沙门氏菌和维斯拉哥沙门氏菌。

该菌通常经消化道感染，与被该菌污染的粪便、牛乳、鸡蛋、肉、鼠类或同带菌人接触等，均可发生感染。

该菌对干燥、腐败、日光等因素具有一定的抵抗力，在外界条件下可以生存数周或数月。对于化学消毒剂的抵抗力不强，一般常用消毒剂和消毒方法均能达到消毒目的。

2. 流行病学

人、各种动物和禽类对沙门氏菌中的许多血清型都有易感性，各种年龄的动物均可感染，但以幼龄动物易感。发病和带菌动物是本病的传染源。它们可由粪便、尿、乳汁及流产的胎儿、胎衣和羊水排出病菌，污染水源和饲料等，经消化道感染健康畜。病畜与健康畜交配或用病公畜的精液人工授精可发生感染。此外，子宫内感染也有可能。有人认为鼠类可传播本病。人类感染本病，一般是由于感染的动物与动物性食品的直接或间接接触导致，人类带菌者也可成为传染源。

本病一年四季均可发生，在畜群内发生后，一般呈散发性或地方性流行。

3. 发病机制

据近年来的研究，沙门氏菌对人和动物的致病力，与一些毒力因子有关，已知的有毒力质粒、内毒素及肠毒素等。

（1）毒力质粒 正常情况下，大肠黏膜层固有的梭形细菌可产生挥发性有机酸而抑制沙门氏菌的生长。另外，肠道内的正常菌群可刺激肠道蠕动，也不利于沙门氏菌附着。当某些因素使动物处于应激状态，以致肠道正常菌群失调时，可促使沙门氏菌迁居于小肠下端和结肠。病菌迁居于肠道后，从回肠和结肠的绒毛顶端，经刷状缘进入上皮细胞，在其中繁殖，感染临近细胞或进入固有层，继续繁殖，被吞噬而进入局部淋巴结。机体受病菌侵害，刺激前列腺素分泌，从而激活腺苷酸环化酶，使血管内的水分、HCO_3^- 和 Cl^- 向肠道外渗而引起急性回肠炎和结肠炎。

（2）内毒素 根据沙门氏菌菌落从 S—R 变异而导致的细菌毒力下降的平行关系可以说明，沙门氏菌细胞壁中的脂多糖是一种毒力因子。脂多糖是由一种为所有沙门氏菌共有的低聚糖芯和一种脂质 A 成分所组成。脂质 A 成分具有内毒素活性，可引发沙门氏菌性败血症：动物发热，黏膜出血，白细胞先期减少然后增多，血小板减少，肝糖消耗，低血糖症，最后因休克而死亡。

（3）肠毒素 原来认为沙门氏菌不产生外毒素，最近有试验表明，有些沙门氏菌，如鼠伤寒沙门氏菌、都柏林沙门氏菌等，能产生肠毒素，并分为耐热的和不耐热的两种。试验表明，肠毒素是使动物发生沙门氏菌肠炎的一种毒力因子，肠毒素还可能有助于细菌的侵袭力。

4. 症状

出生后未满 1 岁的幼猫的潜伏期为 2～7 天，典型的临床症状为伴有发热的胃肠炎。据报道，群体发病时的幼猫发病率为 32%，病死率为 61%。

据报道，19 月龄的猫感染亚利桑那沙门氏菌而出现败血症的病例，2 天内持续出现呕吐，全身衰弱，不能站立，进而出现昏迷、死亡。体温升高至 39.5℃，出现严重的脱水和毛细血管再充盈时间延长，左右瞳孔变得不一致。

食欲减退或废绝，口臭，可视黏膜苍白。排出稀便中混有黏液，有时出现血便。据报道，猪霍乱沙门氏菌可引起猫流产。

5. 临床病理

当脱水严重后，由于循环血液量减少，导致血尿素氮上升至 50 毫克/毫升以上。

白细胞数，特别是淋巴细胞和嗜中性白细胞减少，而且血小板也减少。嗜中性白细胞出现明显的变性与核型左移。由于内毒素激活血凝系统和纤溶系统，发生弥散性血管内凝血。

由鼠伤寒沙门氏菌引起的成群发病时，90％以上病例可从直肠、口腔唾液、肝脏、脾脏和心脏血液中分离到细菌。

6. 诊断

幼猫排出带有黏液和血液的稀便，再出现严重高热和衰竭时，可能就是该病。因此，为了与传染性胃肠炎做炎症鉴别诊断，需要通过粪便或唾液培养后分离细菌。

对于死亡病例，可通过对肝脏、脾脏和心血等分离到沙门氏菌。剖检的主要变化为全身出现点状或斑点状出血，组织学上出现血栓和出血变化，此外，由于内毒素性休克而引起弥散性血管内凝血。因此，出现血小板数和血纤维蛋白原减少，引起血液凝固不良和纤维蛋白降解产物增量。

7. 治疗

通过粪便培养，对病原进行抗生素的耐药性试验。如果选择抗生素出现错误，不仅达不到治疗效果，反而抑制肠道内的健康菌，从而导致沙门氏菌的全身感染。

对于严重脱水的病例，根据病情静脉点滴乳酸林格氏液和5％葡萄糖以1：2混合的溶液（10～50毫升/千克）。此外，为了作为肠黏膜的保护和收敛剂，口服硅酸铝（0.5～1.5克/天）和鞣酸蛋白（0.2～0.7克/天）。

对于出现内毒素性休克的病例，应静脉输液并口服肾上腺皮质激素（动物用氢化可的松5～20毫克/千克，1～4次/天）。

八、猫抓病

猫抓病又名猫抓热或非细菌性局部淋巴结炎，是由猫传染给人类的一种全身发热和单个或局部淋巴结肿胀的特异性疾病，一般不累及其他器官。

1. 病原

1909 年 A. L. Barton 曾描述过巴尔通体是附着于哺乳动物红细胞上的病原体，1993 年确定该菌归属于立克次氏体的巴尔通科，并命名为杆菌状巴尔通体。

巴尔通体是一种革兰氏氏阴性稍弯曲的小杆菌，需氧性，菌体细小，直径 0.5～1 微米。在含 5％马或兔血清的培养基且潮湿、35℃和富含 CO_2 的环境中生长良好，也可在细胞内培养，但生长相对缓慢。原代培养 9～12 天可见巴尔通体克隆，培养超过 14 天可见灰白色、不透明黏性菌落，传代后生长速度加快。

2. 流行病学

猫抓热分布于全世界，各国都有发生，尤其以经济发达、宠物猫饲养较多的国家和地区多见。近年来国内病例报道的数量呈上升趋势，逐渐成为一种重要的宠物源性人畜共患病。

家猫是巴尔通体的主要宿主，其他猫科动物、犬科动物也可能带菌。约 10％的宠物猫及 33％的流浪猫血液中携带巴尔通体。猫感染后可持续数月甚或数年带菌，但不表现病征。该菌在猫之间由猫蚤传播，菌体可在猫蚤肠管中增殖，由粪便排出。人与人之间并不传播。6 月龄以内及流浪猫带菌率高于成年猫，卫生条件好的猫带菌率低于卫生条件差的猫。病原体借由猫蚤传播给幼猫或其他个体，再由猫抓伤、咬伤后或皮肤开放性损伤被猫舔舐而感染发病。小于 1 岁的宠物猫更易传播本病，尤其是带有猫蚤者。另外也有因狗、兔、猴抓、咬伤引起该病的报道，但仍需进一步考证。猫是巴尔通体的自然宿主，但发病率低。犬与其他动物可能有感染，但罕有发病报道。

3. 症状

受伤部位可发生丘疹、水疱疹及脓疱疹，但多无疼痛，经短时间治疗即可痊愈。颌下淋巴结、颈部淋巴结、腋窝及腹股沟淋巴结等受伤区域的淋巴结肿大，有 1 厘米至鸽蛋大小，一般不太硬，发红，伴有热感及压痛，多无自发痛。肿胀持续数周至数月，有时可见排脓。全身症状为发热（微热至高热）、恶寒、头痛、倦怠无力及关节痛，也有的脾肿大，出疹子，偶尔并发脑炎及脑膜炎，但预后一般良好。

4. 临床病理

血液变化：在早期白细胞减少的同时淋巴细胞增加。淋巴结活检：因病程长短而有所不同，早期网状内皮细胞增生，随着病情进展，产生本病特有的肉芽肿。此时的细胞呈稍细长的多角形，排列成放射状，有时可看到巨噬细胞。病灶进一步发展，形成坏死和脓肿。

5. 诊断

根据与猫的接触史和患病淋巴结的脓液抽提出来的抗原液在皮内的反应来诊断。

6. 治疗

口服四环素（250 毫克，4 次/天）具有一定的效果。当淋巴结化脓时，可用注射器反复吸取脓汁，但是不到万不得已，最好不要切开排脓。

九、衣原体肺炎

衣原体肺炎病原体通过猫呼吸道和眼结膜感染呼吸系统引起发病，是一种长期的以结膜炎为特征的细菌性感染。

1. 病原

以细胞内寄生的衣原体为病原体，吸入患病猫打喷嚏时的飞沫即可感染本病。

2. 症状

因是上呼吸道感染，所以出现咳嗽、打喷嚏等症状。具有结膜炎特征，先是出现眼睑痉挛、结膜水肿、流泪、浆液脓性眼分泌物，后在瞬膜和结膜上形成淋巴滤泡。呈现轻度发热，转变成慢性后呈现继发性、渐进性沉郁，食欲不振，咳嗽及打喷嚏等症状。

与猫病毒性鼻气管炎等症状相似，应注意鉴别。

3. 诊断

结膜或鼻部分泌物的涂片标本进行姬姆萨氏染色，镜检，证明在感染细胞的细胞质内存在有衣原体。包涵体在感染初期多见，存在于上皮细胞和单核巨噬细胞中。

4. 治疗

口服四环素（20毫克/千克，1次/8小时）或者静脉注射或肌内注射四环素（7毫克/千克，1次/12小时）。洗眼的同时，用四环素油性点眼液点眼，3～4次/天。另外，作为对症疗法可补充电解质液及营养液。

第五章

猫寄生虫性疾病诊疗技术

第一节　猫体内寄生虫性疾病诊疗技术

一、蛔虫病

猫蛔虫病是由大量蛔虫目弓首属或弓蛔属蛔虫在猫体内生长并寄生于小肠而引起的寄生虫病。

1. 病原

猫弓首蛔虫是猫最常见的蛔虫，寄生于猫的小肠中。雄虫长3～7厘米，雌虫长4～12厘米。虫卵大小70微米×65微米。虫卵随粪便排出体外，在适当的条件下，经10～15天发育为感染性虫卵，污染食物、饮水等，当猫吞食感染性虫卵后，幼虫在小肠内逸出，移行至肠壁、肺、气管，经咽部吞咽又回到小肠内发育为成虫。老鼠是蛔虫的中间宿主，猫吃了这种老鼠亦可感染蛔虫病。

2. 流行病学

蛔虫一方面来源于环境中有抵抗力的虫卵，另一方面也来源于组织中携带有感染性幼虫的雌猫，这些感染性幼虫能够恢复自身的生命周期。中间宿主（啮齿动物）在猫通过捕食而感染的过程中也扮演了重要的角色。

蛔虫的生命周期相对较短。它们在 4～6 个月时自然消失。由于蛔虫是高度多产的，所以因虫卵造成的环境污染很严重。

3. 症状

一般少量虫体寄生时，无特殊变化。大量虫体寄生时，引起消化障碍、呕吐、腹泻、腹泻便秘交替出现，有时在粪便中可见到成虫；生长缓慢，被毛粗乱，食欲废绝，贫血，腹部膨胀，有神经症状。幼虫移行引起腹膜炎、败血症、肝脏损害和蠕虫性肺炎。

病猫在感染早期有轻微的咳嗽，食欲减退。感染严重时，幼猫会出现大肚子（腹围膨大），发育不良，黏膜苍白，贫血，消瘦，叫声不响亮，行动不活泼，被毛粗硬而乱，皮肤松弛缺乏弹性，口腔黏膜不见红润，舌色苍白无光，时而见到有异嗜，但不好好吃饲料。

幼猫有咳嗽及呼吸困难明显，甚至出现肺炎症状。这是因为蛔虫幼虫在猫体内游走时，穿透肺脏进入胃肠时，对肺组织造成损伤和刺激，加上感染细菌而引发肺炎，到了这种程度的小猫，很容易引起死亡。

为了确诊是否感染了蛔虫，最简便的方法是验粪便查虫卵。蛔虫卵很易识别，对照症状查到蛔虫卵，则确认是蛔虫病无疑。我们应着重注意小猫，因小猫体质未成熟，一经感染上蛔虫，很快就会瘦下去，而且胃口不好，食量又少，只剩下一身骨头和一个大肚子。

胃肠功能紊乱，生长发育缓慢，被毛粗乱，营养不良，机体逐渐消瘦，呕吐，腹泻，有时呕吐物和粪便中可见有蛔虫体。手触诊腹部时，可感到腹腔内有硬块及肠壁由粗变细。造成肺炎时，可见有体温升高，呼吸困难，肺部听诊有啰音，有的猫还可出现神经症状。

4. 诊断

必须通过显微镜检查来证实。在潜伏期后期，虫卵大量减少。

弓首属和弓蛔属在形态学上可以区分开。鉴别诊断很重要，因为只有弓首属是人畜共患寄生虫。

5. 治疗

内服驱蛔灵，每次 125 毫克/千克。

内服海群生，每次 10～25 毫克/千克。

内服芬苯达唑，按 50 毫克/（千克·天），连服 3 天。

6. 预防

搞好环境、猫体、食具、食物的清洁卫生，及时清除粪便，保持猫舍清洁干燥。

定期驱虫，每年春秋两季各进行一次驱虫。

加强饲养管理，进行日光浴等以增强猫体抵抗力。

二、绦虫病

猫绦虫病是由多种绦虫寄生于猫的小肠中而引起的一种寄生虫病。绦虫病是猫较为常见的寄生虫病。最常见的猫绦虫有猫泡尾绦虫、犬复殖孔绦虫及泡状带绦虫。

1. 病原

猫绦虫腹背扁平，两侧对称，呈白色或乳白色不透明的带状虫体，虫体的长度可由数毫米到数米不等。虫体分头节、颈节及体节，头节小呈球形或梭形，其上有固定器官，颈节细而不分节，具有生发作用，不断向虫体发育体节，体节又分幼节、成节、孕节，成熟的孕节片自体节上脱落随粪便排出体外，我们平时看到粪便表面有活动小虫子就是孕卵节。

2. 流行病学

绦虫并没有特定的时间排卵，只要节片成熟，就会从绦虫的身体上掉下来，再从猫的肛门里爬出来。小猫身上如有跳蚤，肚子里肯定有绦虫。从猫肚子里爬出来的绦虫节片干了后会爆裂开来，将里面的虫卵散发出来，这些虫卵被跳蚤吃下去后在跳蚤的体内发育成包囊，猫舔毛的时候将跳蚤舔下肚子，包囊在猫体内再发育成绦虫，绦虫成熟后就会有节片掉下，一个节片内包含大约 5000 个虫卵。

3. 临床症状

虫体寄生在猫体内吸取营养，给猫生长发育造成影响，当虫体大量寄生时，可聚集成团堵塞肠腔，导致腹疼、肠扭转甚至肠破裂。病猫出现慢性肠炎、腹泻，有时腹泻与便秘交替发生，呕吐、消化不良的症状。呈贫血或高度衰弱。有时孕节片附在患猫肛周刺激肛门，使肛门疼痛发炎。家养的猫患了绦虫病应到宠物医院接受正规治疗。

当猫吃了第二中间宿主后。裂头蚴在猫的小肠内发育成为成虫。当猫体内有绦虫寄生时，绦虫头节的小钩和吸盘吸附在小肠黏膜上，造成黏膜损伤，引起肠道炎症反应，重者造成肠黏膜出血，引起出血性肠炎症状。虫体刺激肠道，使肠功能紊乱，出现腹泻、粪便稀软。虫体在肠道中不断吸取掠夺营养，使机体造成营养缺乏、发育缓慢、消瘦、贫血、异嗜、被毛粗乱无光泽。另外虫体在生长发育过程中，不断分泌毒素，可引起机体中毒，出现神经症状。虫体很长，在肠腔内可集成团状，造成寄生虫阻塞，猫出现呕吐、腹痛、脱水及全身症状。

4. 诊断

患有绦虫病的猫，临床上大多都可以在肛门周围看到白色能收缩的节片，虫体干死后粘在肛门周围似芝麻粒状。另外在粪便中可见到绦虫节片。用漂浮法镜检可以见到绦虫虫卵。

5. 预防

灭鼠灭蚤，不要喂给猫生鱼、生虾、生肉。

定期驱虫，一年 1～2 次，小猫 3 个月 1 次，6～7 个月第二次，以后每年春季 1 次。

6. 治疗

首选吡喹酮，根据临床治疗效果看，有效率 100％。用量 0.05克/千克体重，首次服完后，隔 5～7 天再服 1 次。

丙硫苯咪唑，5～10 毫克/千克体重，一次口服。

灭绦灵，100～150 毫克/千克体重，一次口服。

三、球虫病

球虫病是由等孢子球虫引起的。等孢子球虫的生命周期大约是4～7 天。该寄生虫在小肠内成倍增殖导致组织损伤，降低猫的采食量和对饲料中养分的吸收率，造成脱水和血液损失。

1. 病原

猫等孢子球虫是原生动物门、顶复动物亚门、孢子纲、球虫亚纲、真球虫目、艾美球虫亚目、艾美球虫科、等孢球虫属的一类单细胞寄生虫。卵囊多呈卵圆形、椭圆形或近似球形，长度多为11～48 微米，宽度为 9～35 微米，初排出的卵囊内含 1 个合子，在适宜的温、湿度条件下完成孢子发育后便具有感染性；每个孢子囊含有 4 个半月形的子孢子和一个残留体，无囊塞。

2. 流行病学

猫是等孢子球虫的最终宿主。猫主要是通过食入中间宿主组织中的包囊而感染，等孢子球虫最常见的中间宿主就是猫，感染通常仅局限于胃肠道。同时猫也是神经元住肉孢子虫的中间宿主，其最终宿主为澳洲的负鼠。猫通常通过误食携带神经元住肉孢子虫的负鼠而感染发病，临床常造成幼猫致死性的脑脊髓炎，其他的住肉孢子虫属则被认为不具病原性。

土壤、饲料或饮水中的感染性卵囊被畜禽吞入后，子孢子在消化道内脱囊逸出，进入上皮细胞吸取营养，长成第一代裂殖体，经分裂而成为第一代裂殖子。每个裂殖子进入一个新的上皮细胞，再发育为第二代裂殖体，并再分裂产生第二代裂殖子，重新进入新的上皮细胞内生长发育。如此不断反复，可使上皮细胞遭受严重破坏，导致疾病发作。经两个或多个世代后，一部分裂殖子发育为大配子母细胞，最后发育为大配子。另一部分发育为小配子母细胞，继而生成许多带有 2 根鞭毛的小配子。活动的小配子钻入大配子体内（受精），成为合子。合子迅速由被膜包围而成为卵囊，随粪便排出体外。粪便检查发现卵囊是诊断本病的一种重要方法。通常在猫是不会造成肠道之外的感染，也不会经由胎盘或乳汁传染。

3. 临床特点及表现

临床上猫虽是等孢子球虫的最终宿主，但很少造成疾病。1 月龄以内的小猫和应激、免疫抑制、环境拥挤或脏乱之下的小猫有较高的风险会呈现临床症状。感染后可表现出明显的临床症状。一般于严重感染后的 3～6 天，开始出现水样腹泻或排出泥状粪便或带有黏液的血便。患病动物轻度发热，精神沉郁，被毛无光泽，消化不良，便血，进行性消瘦，最终因衰竭而死亡。如果病猫抵抗力较强，一般在感染 3 周以后，临床症状可逐渐消失，自行康复。老龄动物一般抵抗力较强，常呈慢性经过。病理变化主要表现在小肠，整个小肠可发生出血性肠炎，但多见于回肠段，特别是回肠下段最为严重，肠黏膜肥厚，黏膜上皮剥蚀。

4. 诊断

球虫病的生前诊断，可用饱和盐水浮集法检查粪便中有无卵囊。根据卵囊的形态、特征、数量以及患病动物临床症状（肠炎、进行性消瘦）和流行病学资料进行综合判定。必要时可结合剖检进行诊断。

5. 治疗与预防

呋喃类药物和磺胺类药物是有效的治疗药物。

甲氧苄胺嘧啶磺酰胺，体重 4 千克以下病猫，15～30 毫克/千克，口服，一日一次，持续 6 天；体重 4 千克以上，30～60 毫克/千克，连用 6 天。

磺胺二甲嘧啶，首次皮下注射 50～60 毫克/千克，以后 27.5 毫克/千克，连用 14～21 天。

此外，应注意改善饲养管理和增强机体抗病能力。本病的主要感染来源是患病猫和带虫的猫以及污染的场地。因此，平时对猫应加强饲养管理，防止乱跑。一经发现病猫，应及时隔离治疗，及时清除病猫的粪便，并进行无害化处理。对猫舍可定期进行粪便虫卵检查，严格执行驱虫制度，消灭鼠类、蝇类及其他昆虫，杜绝卵囊的散播。

6. 预后

一般球虫感染的预后是非常好的，通常可以痊愈，但如果症状严重且检验出球虫的话，必须要怀疑是否并发有其他更严重的疾病，如猫艾滋、猫瘟等。

四、猫胃虫病

（一）三尖壶肛线虫

三尖壶肛线虫寄生于胃的症状包括呕吐、厌食及失重。

1. 病原

三尖壶肛线虫是线形动物门、线虫纲、尾觉器亚纲、尖尾科、尖尾属的一类多细胞寄生虫。有三片小唇，食道有发达的后食道球。雄虫交合刺一根，泄殖孔周围有许多大乳突。雌虫比雄虫粗而长，且有长而尖的尾部。阴门靠近头端。

2. 流行特点

宿主由于食入猫呕吐物中的三期幼虫，三期幼虫在进入宿主胃部后蜕化形成四期幼虫，再蜕化形成五期幼虫，后发育成成虫。雌、雄成虫于宿主体内交配后，雌虫直接产出幼虫，再多次蜕化形成三期幼虫，此时具有感染性，称为感染性幼虫。由于成虫多次繁殖，宿主体内幼虫达到高密度，引发呕吐，宿主将感染性幼虫随呕吐物排出，被其他猫食入再次发生感染。

由于三尖壶肛线虫的生长周期长，所以传播速度并不算快。但在高密度饲养环境下，其增殖传播速度仍然相当惊人。

3. 临床特点及表现

猫是三尖壶肛线虫的主要宿主，感染性幼虫在摄入后经潜隐期后寄生于猫的胃壁，造成胃黏膜损伤，使胃酸通透性增加。当胃酸进入胃上皮组织细胞内层后，引起上皮组织的损伤。胃酸刺激肥大细胞脱粒和刺激位于黏膜下层和固有层的肥大细胞释放组胺，进而引起局部炎性水肿、血管损伤。临床表现以呕吐为最常见，其他症状还包括食欲改变、流涎、烦渴、腹痛。若并发肠炎则会出现腹泻现象。

4. 诊断

如果可能的话，任何猫的呕吐物都应进行显微镜检查，或许可以见到三尖壶肛线虫的成虫或幼虫，也可以采用贝尔曼装置法将呕吐物中的成虫及幼虫浓缩，或许会比较容易检出。

5. 治疗与预防

目前并未有临床效果良好的常用治疗药物，在此列出可能的治疗药物：芬苯达唑、奥酚达唑、左旋咪唑。

此外，改善饲养环境和制定良好的饲养管理计划也是必要的措施。本病主要的感染来源是患病猫和带虫的猫以及污染的场地。因此，平时对猫应加强饲养管理，防止乱跑。一经发现病猫，应及时隔离治疗。另外需及时清理患病猫的呕吐物，以防交叉感染。

6. 预后

三尖壶肛线虫很难诊断，也很难确定疗效，一旦已经形成胃纤维化后，就算能有效地消灭虫体，但其临床症状可能仍会持续。

（二）泡翼线虫

泡翼线虫又称为胃线虫，虫体以两片发达的唇吸附于胃或十二指肠的黏膜上，引起猫发病。此病在全世界均有分布。由于此虫与猫的蛔虫相似，故常被误诊。

1. 病原

泡翼线虫是线形动物门、线虫纲、尾感器亚纲、泡翼科、泡翼线虫属的一类多细胞寄生虫。此类线虫体粗，肌肉发达。雄虫长

13~45 毫米，雌虫长 15~60 毫米。虫卵随粪便排出时卵内已有幼虫。有包囊的泡翼线虫的感染性幼虫存在于甲虫、蟑螂和蟋蟀等多种生物体内，小鼠和青蛙可以作为虫载体转运宿主。猫由于吞食中间宿主或载虫转运宿主而感染。幼虫直接发育为成虫，引起动物发病。

2. 流行特点

宿主在食入中间宿主（如蟑螂、蟋蟀、金龟子等）后，虫卵在宿主体内直接孵化为幼虫，进而发育成成虫感染宿主。雌、雄成虫在宿主体内经有性繁殖后随粪便排出具有感染性的虫卵及幼虫，在土壤中被中间宿主或搬运宿主食入后再由最终宿主捕食进而发生感染。

泡翼线虫的生长周期长达 131~156 天，且需要由昆虫或啮齿类或爬行类进行传播，故在家养环境中传播并不广泛。

3. 临床特点及表现

临床上猫可感染泡翼线虫。主要症状为慢性间歇性呕吐，通常一条线虫即可引起顽固性呕吐，止吐药治疗一般无效，而黑粪和贫血则相对罕见，另外呕吐物中可能有胆汁。动物其他方面均健康。

4. 诊断

由于虫卵排出较少，粪便中很少见到虫卵，当使用粪便浮游法发现泡翼线虫厚壁且内含幼虫的虫卵的同时，还需要用重铬酸钠或硫酸镁溶液来检查粪便中的虫卵。但虫卵因为内含幼虫，通常不会浮起来，故可考虑使用内视镜来进行检查。若发现长度 1~6 厘米呈现粉红至白色的泡翼线虫虫体时，可对本病做出确诊。

5. 治疗与预防

应用噻咪唑或伊维菌素通常有效，亦可考虑用内视镜或外科手术摘除虫体。此外，及时杀灭饲养环境中的昆虫宿主及保持环境清洁卫生是防止泡翼线虫感染的重要手段。

6. 预后

泡翼线虫如果能确诊及治疗，或夹除虫体，其预后是良好的，在清除或杀灭虫体后，动物即停止呕吐。

五、胎儿三毛滴虫症

胎儿三毛滴虫是一种寄生于结肠的单细胞原虫，其形状类似贾地鞭毛虫，在一般显微镜下很难区别。猫胎儿三毛滴虫主要寄生于猫的大肠部，从而引发宿主产生腹泻、里急后重等反应。

1. 病原

猫胎儿三毛滴虫是原生动物门、鞭毛纲、动鞭毛亚纲、毛滴虫目、毛滴虫属的一类单细胞寄生虫。活体呈无色透明，有折光性，体态多变，活动力强。固定染色后呈梨形，体长 7~23 微米，前端有一个泡状核，核上缘有 5 颗排列成环状的基体，由此发出 5 根鞭毛：4 根前鞭毛，1 根后鞭毛。1 根轴柱，纤细透明，纵贯虫体，自后端伸出体外。体外侧前 1/2 处有一波动膜，其外缘与向后延伸的后鞭毛相连。虫体借助鞭毛摆动前进，以波动膜的波动作旋转式运动。胞质内有深染的颗粒，为该虫特有的氢化酶体。

2. 流行特点

宿主在食入感染猫粪便中具有感染性的虫体后，虫体在宿主体内大量增殖并游离至回肠末端开始寄生生活。毛滴虫生活史简单，仅有滋养体阶段而无包囊阶段。滋养体主要寄生于猫的结肠和回肠部。虫体以纵二分裂法繁殖。滋养体既是繁殖阶段，也是感染和致病阶段。虫随宿主粪便排出后，经粪-口途径或由苍蝇等昆虫携带，通过直接或间接接触在群体中传播。

3. 临床特点及表现

胎儿三毛滴虫病的典型症状为腹泻，通常排泄物中少见血液或黏液，但随着排便次数增加，带血或黏液样不成形稀便等亦会出现。患猫除肛门疼痛外，其他方面均表现正常。另外幼龄猫比较常见腹泻症状，成年猫感染三毛滴虫可能不会表现腹泻。长期慢性腹泻可引起大便失禁、肛门溃疡等。该虫引起的腹泻病程可能较长，但是否引起猫生殖系统感染目前尚不清楚。

4. 诊断

在欧美的实验室已经有办法进行猫胎儿三毛滴虫的 PCR 检验，敏感性约 95%，但在中国则尚未有实验室能提供检验。另外还有培养的诊断方式，但敏感性只有 55%～80%。所以目前诊断的方式只能依靠新鲜的粪便镜检，而且最好挑选黏液便的部分，会有较佳的检出率。

5. 治疗与预防

目前认为唯一能有效清除感染的药物为罗硝唑，30 毫克/千克，口服，需连续两周治疗。如果给药的对象是小猫或肝脏功能不好的猫时，可以将剂量降低至 10 毫克/千克，一样持续两周给药。但该药品因为肉类食品安全性的问题已被列为禁药，在操作该药品时要戴手套，并且请饲主签同意书，同意使用该药品治疗，并且详细告知可能的副作用及风险。

如果症状严重，饲主又不愿意使用罗硝唑时，可以给予甲硝唑，有时会得到症状的暂时性缓解，但会延长自行缓解的时间。

由于本病并没有非常有效的治疗方法，故加强预防成了对抗此类疾病的重中之重。由于本病在高密度饲养环境下发病率较高，且猫本身应激性较强，所以避免胎儿三毛滴虫病最有效的防止手段就是降低饲养密度，同时对环境卫生严格把关，及时清理猫粪便和杀灭蚊虫，消除隐患。

6. 预后

只要饲主能忍受一只持续排软便的猫，其预后是非常好的。这样的感染猫大多还是有非常好的精神与食欲，成长期的感染猫一样持续增重，除了排软便之外，一切都是正常的。

六、吸虫病

吸虫种类繁多，可分为单殖吸虫、盾殖吸虫和复殖吸虫三大类，复殖吸虫又可分为双盘类、对盘类、单盘类、腹盘类、分体类、全盘类和棘口类，其中猫及猫科动物所患吸虫病主要为复殖吸虫中双盘类的肝片形吸虫。

猫及猫科动物肝吸虫病的病原体主要为华支睾吸虫和猫后睾吸虫，其中华支睾吸虫最为常见。此类吸虫主要寄生于猫及猫科动物的肝胆管和胆囊中，临床上表现为皮肤和可视黏膜黄染、肝区疼痛、肝脏肿大和其他肝病。吸虫病是重要的人畜共患寄生虫病。

1. 病原

此类吸虫属于吸虫纲，背腹扁平，呈叶状或舌状，长约 $20\sim25$ 毫米，宽约 $8\sim13$ 毫米。口吸盘位于体前端，腹吸盘位于前端腹面，口孔开口于口吸盘。

2. 流行特点

华支睾吸虫和猫后睾吸虫的中间宿主相同，第一中间宿主均为多种淡水螺，第二中间宿主均为多种淡水鱼、淡水虾；其终末宿主为牛羊或犬猫。华支睾吸虫属典型的复殖吸虫，其生活史包括成虫、虫卵、毛蚴、胞蚴、雷蚴、尾蚴、囊蚴、童虫、成虫九个阶段。成虫于终末宿主肝胆管内产卵，虫卵随胆汁进入消化道同粪便排出体外。虫卵在水中被淡水螺吞食并在其消化道内孵化成毛蚴，毛蚴进入淋巴系统发育成胞蚴和雷蚴。成熟尾蚴脱离淡水螺体落入水中，侵入第二中间宿主并移行至淡水鱼虾肌肉等组织中，发育成囊蚴。终末宿主猫吃含囊蚴的生鱼虾或未煮熟的鱼虾而被感染。幼虫在十二指肠破囊而出，经十二指肠血流或胆总管进入胆管，1个月后发育为成虫。

3. 临床特点及表现

其临床症状依感染程度和动物体质的不同而有所差异，有急缓之分，但一般分为急性侵入期、慢性潜伏期和慢性阻塞期三个阶段。

急性侵入期，囊蚴进入十二指肠并穿透十二指肠到达肝脏，然后穿透肝包膜。本期大约持续2～3个月，病猫可见食欲减退、消瘦、微热、上腹部疼痛并下泻，肝脏和脾脏肿大、腹水、贫血，肝部浊音区扩大，有压痛，嗜酸性粒细胞显著升高。重者引起腹膜炎和创伤性肝炎，有的病例会突然死亡。

慢性潜伏期，虫体移至胆管并在其中生存2～3个月，病猫出现发热、荨麻疹、右上腹疼痛、嗜酸性粒细胞增多。

慢性阻塞期，即成熟虫体在胆管排卵阶段。病猫胃肠道不适，上皮增生，胆管和胆囊壁增厚、扩张，形成胆管炎和胆囊炎，引起直径较小的胆管阻塞。伴随贫血、异嗜、消瘦、脱毛、运步困难。眼睑、颈间、胸下和下腹部出现水肿。妊娠猫出现流产、畸形胎或死胎。

虫体机械性刺激、分泌物和代谢产物的影响使得胆管发生病变。可见上皮细胞脱落、结缔组织增生、管壁增厚，并累及肝实质细胞，肝功能受损，发生肝脏变性、坏死，消化机能下降，出现全身症状。

4. 诊断

病理剖检：肝肿大、质脆，有黄色斑纹，胆囊、肝胆管扩张，切开发现胆汁黏稠，或呈脓样，有大量虫体，多达 400 余条，少的也有 200 条以上。胆管的出口处亦被虫体阻塞。长 8～12 毫米，宽 4～6 毫米。肠系膜淋巴结充血、肿大，整个胃肠道都有炎症，有的肠腔内有血便。

粪便检查：主要是检获粪便内虫卵，一般选用水洗沉淀法。虫卵呈黄褐色，平均长度约为 27 毫米，形似灯泡，刚排出时内含毛蚴，顶端有盖，盖的两旁有肩峰样小突起，下端有一个小突起。

内镜逆行胰胆管造影：是肝片吸虫感染慢性期诊断的第一选择。非侵入性技术也有助于诊断。腹腔镜可精确地进行活组织检查。

血清凝集反应：以猫肝片吸虫制成虫体颗粒抗原或炭抗原，用虫体颗粒抗原或炭抗原各 0.05 毫升与等量或接近等量的血清反应，检出率均在 90% 以上，且该法用于诊断肝片吸虫病具有明显的特异性。

酶联免疫技术：对肝片吸虫病任何阶段的诊断都是可靠和灵敏的。

5. 治疗与预防

（1）治疗　吡喹酮，犬猫均按 50～60 毫克/千克的剂量一次给药，该药对犬有一定毒性。六氯对二甲苯，犬猫均按 50 毫克/千克的剂量给药，3次/天，连服5天，总剂量不超过25克，以免发生药物中毒。病猫在服用该药时，一旦出现反应应该即刻停止用药。丙硫苯咪唑，口服，猫按30毫克/千克剂量给药，1次/天，连用12天。硝氯酚，口服，猫按8毫克/千克剂量给药，1次/天，连用2天；或六氯乙烷，口服，按0.1～0.2克/千克剂量给药，1次/天，同时使用阿托品0.2毫克/只皮下注射，2～3次/天。

（2）预防　一年两次粪便虫卵检查，发现虫卵及时驱虫。口服硝氯酚，按30毫克/（千克·天）给药，或口服六氯乙烷。不用生鱼虾、生鱼虾内脏及生鱼肠喂猫。并对猫的粪便进行微生物发酵，防止污染水域环境，同时消灭第一中间宿主淡水螺。

七、钩虫病

猫钩虫病是由钩口科的管形钩口线虫、巴西钩口线虫和狭头刺口钩虫寄生于猫小肠引起的寄生虫病，以管形钩口线虫最为常见。

1. 病原

管形钩口线虫成虫虫体细长，呈丝线形，新鲜状态虫体呈乳白色或黄白色；固定标本一般为灰白色，当肠管内有血液存在时呈褐色或黑色。虫体前端向背后倾曲，口孔朝向后上方，形成颈曲。头端口囊深阔，呈卵圆形，口囊内部有1对发达的背齿，口孔腹部边缘有3对腹齿。神经环位于食道中部，排泄孔位于神经环后缘体腹面，呈漏斗状开口于体前部腹面正中处。雄虫体长9.5～11.0毫米，有交合伞，交合伞各分叶及腹肋排列整齐，背肋向左右各分两支，外支短、内支长，每条内支又分两小支。雌虫体积比雄虫大，有产卵器和阴道，生殖孔开口于虫体的后部腹面，肛门位于生殖孔之后，虫体尾部尖细。虫卵呈长椭圆形或卵圆形，壳薄，淡灰色或无色，内含数个卵细胞。

2. 流行特点

管形钩口线虫病是猫最常见的钩虫科寄生虫病，呈全球性分布，在我国分布很广泛。管形钩口线虫主要通过被污染的粪便在宿主间传递（如大鼠），也可经皮肤和黏膜感染，猫不发生跨胎盘或乳腺的传播。本病流行取决于感染强度、粪便污染食物的强度、环境卫生等因素。

3. 临床特点及表现

（1）急性 幼猫短时间内被大量幼虫感染引起，主要表现为机体消瘦，黏膜苍白，被毛粗乱无光泽、易脱落；食欲减退、嗜睡、呕吐、消化障碍、下痢和便秘交替发作，粪便带血或呈黑色，严重时呈柏油状，并带有腐臭气味。

（2）慢性 成年猫感染少量虫体时，一般只出现轻度贫血、营养不良和胃功能紊乱等症状。

可见肠黏膜出血、溃疡，幼虫侵入皮肤时可引起皮炎；还可见肺部组织局部出血和炎性病变。

4. 诊断

本病一般采用直接涂片法、漂浮法或钩蚴培养法做粪便检查，检出钩虫卵或孵化出幼虫即可确诊。此外，间接荧光抗体试验（IFA）等免疫诊断方法可应用于钩虫产卵前的早期诊断，但因特异性低而少用。

辅助诊断：直接生理盐水涂片检查，显微镜下有时可观察到虫卵。

5. 预防

及时治疗病猫和带虫者；饲喂食物要清洁卫生，不要喂生食。

保持猫舍干燥；粪便及时清除，定点堆放，并无害化处理；对木质笼舍可用开水浇烫，铁制部分或地面用喷灯烧；能搬动的用具移到室外在阳光下暴晒，以杀死虫卵。鼠类是钩虫的储藏宿主，猫可能因为捕食鼠类而感染本病，因此要定期灭鼠。

6. 治疗

双羟萘酸噻嘧啶，按 10 毫克/千克体重，2～3 周内重复用药，本药物对蛔虫也有效果。

吡喹酮，1.8 千克或以下的猫，按 6.3 毫克/千克体重饲喂；1.8 千克以上的猫按 5 毫克/千克体重饲喂。本药物对蛔虫和绦虫也有效果。

芬苯达唑，按 50 毫克/千克体重，2～3 周内重复用药。本药物对蛔虫、鞭虫、贾第鞭毛虫及三尖盘头线虫也有效果。

伊维菌素按 200 微克/千克体重，2～3 周内重复用药。本药物对蛔虫也有效。

7. 预后

预后良好，但钩虫常常可残存于环境中，再次感染很常见。

八、丝虫病

本病是由丝虫科的恶丝虫寄生于猫的右心室及肺动脉，所产微丝蚴随血液流至全身（少见于胸腔、支气管）引起循环障碍、呼吸困难及贫血等症状的一种丝虫病，又称猫心丝虫病。由于猫心脏较小，一旦患病死亡率颇高。

1. 病原

恶丝虫成虫细长，呈米线状，长度约为 25 厘米。口无唇瓣，头部乳突不明显，食管长 1.25～1.5 毫米，分前后两段。虫体尾部通常含 5 对卵圆形乳突。

2. 流行特点

恶丝虫中间宿主为节肢动物中双翅目雌蚊，在我国主要是中华按蚊、白纹伊蚊、淡色库蚊；终末宿主为猫、狗等 30 多种肉食动物和人类。其生活发育史主要包括微丝蚴和成虫两个阶段。雄雌恶丝虫交配后，受精卵于雌虫子宫内发育，之后向血液排出微丝蚴。当中间宿主蚊吸食含微丝蚴的猫血液时，微丝蚴进入中间宿主体内，到达胃部，后移行至马氏管发育成具有感染能力的虫体，之后进入头部。当中间宿主侵袭猫时，具有感染能力的幼虫经中间宿主蚊的头部穿过动物皮肤进入终末宿主体内。经皮下组织、浆膜、脂肪组织及肌肉组织到达静脉，经血液循环到达右心室及肺动脉。感染性幼虫在宿主体内经 6～7 个月发育成熟，存活时间达 5～7 年之久。此病的发生有一定的季节性，与蚊的活动季节有关。

3. 临床特点及表现

多数情况下，猫感染少数恶丝虫后不表现明显症状。

重度感染时，一般症状表现为精神萎靡、食欲减退或废绝、体重下降等。一般情况下，患猫首先发生咳嗽，脉搏细弱，心内杂音，腹围增大，呼吸困难，运动后尤为明显；触诊肝区疼痛，肿大、全身水肿；后期贫血明显，逐渐消瘦，甚至衰竭。

寄生于患猫心脏和肺动脉的恶丝虫体活动和分泌物长期刺激，使得患猫常可发生心内膜炎和增生性动脉炎，若死亡虫体存在亦可引起肺动脉栓塞；此外，肺动脉压升高可造成右心室肥大，导致充血性心力衰竭。

剖检可见心脏肿大，右心室显著扩张，心内膜肥厚；肺脏贫血，扩张不全，肺动脉内膜炎、栓塞、脓肿或坏死；肝硬变及肉豆蔻肝；肾脏实质和间质发生炎症。

4. 诊断

猫丝虫病的诊断主要依据既往病史、临床症状及实验室检查，其中实验室检查为该病诊断的关键。

直接血涂片检查法：该方法主要用于微丝蚴检查，即无菌采集疑似感染动物末梢血液 1 滴于载玻片上，并滴加生理盐水 1 滴，盖上盖玻片后于高倍显微镜下观察。其缺点为当每毫升血液中微丝蚴少于 50 条时检出率低，不灵敏。

浓集法：柯式实验和定量黄色层毛细管法均是通过过滤和离心等方法达到对微丝蚴进行浓缩检测的目的。此法灵敏度较血涂片法高，柯式实验可检测每毫升血液含 12 条微丝蚴的浓度。

血液、尿液检查法：血液学检查可见患猫血细胞减少，嗜酸性粒细胞增多，血浆白蛋白含量降低；如出现肝坏死，则血清谷丙转氨酶、血清肌酸肝和血清尿素氮升高。尿液分析可见血红蛋白尿、白蛋白尿和高胆红素尿。

穿刺检查法：现阶段该方法是诊断猫丝虫病最可靠的手段之一。通过对患猫寄生部位皮肤结节穿刺，制作病理切片并分析，可做出准确诊断。

射线检查法：目前应用多的是 X 射线检查法。通过对患猫作 X 光拍摄，发现被检动物部位的异常变化，如右心室和肺动脉出现扩张，肺部出现圆形硬币样阴影。

超声波检查：主要利用超声波通过不同组织产生的差异，转换成图像信号，并与正常诊断图像对比。对疑似猫的心脏和肺部进行超声波检查可以做出诊断，必要时可评估虫体形状、大小和具体寄生部位。

免疫学诊断法：恶丝虫的微丝蚴（或成虫）可与血液中的抗微

丝蚴（或成虫）抗体、热不稳定因子和虫体自身排泄物形成免疫复合物发生凝集反应，因此可利用凝集试验来诊断，且该方法灵敏度显著高于柯式实验。

分子生物学方法：恶丝虫病的分子生物学诊断方法主要为聚合酶链式反应（PCR），且针对微丝蚴和成虫有不同的检测方法。通过收集传播媒介或其组织，并利用试剂盒提取微丝蚴的 DNA 以获得模板，实现对微丝蚴的检测。成虫则是通过获取其组织以提供模板，通过对目的基因特异性扩增，达到检测和鉴别的目的。

5. 防治

根据恶丝虫生活周期特点，可以将其防治分为治疗和预防两个方面。其中治疗包括杀微丝蚴、杀成虫和患猫医护；预防包括平时预防给药和定期检查。

（1）治疗 在确诊本病的同时，应该对患猫进行全面检查，首先对症治疗心脏功能障碍的病猫，之后分别驱杀微丝蚴和成虫。由于该寄生虫寄生部位的特殊性，在杀虫的同时需对患猫进行严格监护。

驱杀成虫：硫乙砷胺钠，静脉注射，剂量为 0.22 毫升/千克，2 次/天，连用 2 天。

但未成熟微丝蚴对该药有一定耐药性，若第一次给药后微丝蚴还存在，则应在 6～12 个月后在考虑二次给药。硫乙砷胺钠对严重感染患猫有一定危险，可引起肝中毒。

酒石酸锑钾，静脉注射，2～4 毫克/千克，1 次/天，连用 3 天。

盐酸二氯苯砷，静脉注射，2.5 毫克/千克，每隔 4～5 天进行一次，该药驱虫作用较强且毒性小。

驱杀微丝蚴：盐酸左旋咪唑，口服，11.0毫克/千克，1次/天，连用6～12天。治疗后第6天检查血液，血液中微丝蚴转为阴性时停用。用药后可出现呕吐、行为改变等神经症状，严重者可出现死亡。该药不能与有机磷酸盐和氨基甲酸酯合用。

（2）预防

海群生：6.6毫克/千克，在蚊虫活动季节开始到蚊虫活动季节结束2个月内用药，蚊虫常年活动的地方应全年用药。用药后3个月开始检查微丝蚴，检查周期为6个月。如果已感染恶丝虫，则禁用。

苯乙烯吡啶海群生合剂：6.6毫克/千克，1次/天，连续应用。

硫乙砷胺钠，0.22毫升/毫克，2次/天，连用2天，半年后再次给药。该药适用于不能耐受海群生的猫，一年用2次，可在出现症状前将虫体驱除。

伊维菌素，低剂量，至少使用1个月才可以达到预防效果。

九、贾第鞭毛虫病

贾第鞭毛虫病是由蓝氏贾第鞭毛虫引起的一种原虫病，主要由消化道传播，主要有腹泻、水样大便并恶臭、粪中黏液较少、腹胀、恶心等症状。

1. 病原

贾第鞭毛虫病有滋养体和包囊两个时期。

滋养体似倒置纵切的半个梨形，两侧对称。大小为（9.5～21）微米×（5～15）微米，前端钝圆，后端尖细，侧面观时背面隆起，腹面扁平，其前半部向内凹陷形成左右两个吸盘。铁苏木素染色后可见有轴柱一对平行地纵贯全虫，中部见到两个半月形的中央小体，由此发出4对鞭毛，分别为前侧鞭毛、后侧鞭毛、腹鞭毛和尾鞭毛各一对。圆形的泡状核一对位于吸盘背侧，核内各有一个大的核仁。虫体以胞饮和体表渗透作用获取营养物质。

包囊椭圆形，囊壁厚，大小为（8～12）微米×（7～10）微米，碘液染色后呈黄绿色。铁苏木素染色后可见内有 2～4 个核，多偏于一端，还可见到轴柱、鞭毛及丝状物。四核包囊为成熟包囊。

2. 流行特点

成熟包囊经口感染人体，经胃肠消化液的作用，在十二指肠脱囊形成滋养体。滋养体寄生在人体的十二指肠和空肠的肠壁上皮，靠吸盘吸附固着，以二分裂法繁殖。如滋养体落入肠腔则随食物达到回肠及大肠内，因肠内环境的改变而形成包囊，随粪便排出体外，人多因吃入被包囊污染的食物而感染。

本病的传染源为病人及无症状的带包囊者，以后者较为常见。

本病主要通过消化道途径传播。包囊污染的食物、水源、污染的手、苍蝇、蟑螂等，均可传播本病。

人对本病普遍易感。免疫功能低下者（如艾滋病人）、儿童、胃酸缺乏或不足者易感性高。感染本病后无获得性免疫，因此可以反复发作。

3. 临床特点及表现

本病由于滋养体吸盘吸附于肠黏膜造成刺激与损伤，以及肠内细菌协同作用而致病。以消化道症状为主，症状轻重不等，以无症状带虫者及慢性轻型者居多。潜伏期 9～15 天。

急性期：典型表现是起病急，腹泻、水样大便且恶臭、粪中黏液较少，腹胀、恶心、呕吐及中上腹绞痛等。急性期仅 3～4 日，重者可持续数日，若不及时治疗，多发展为慢性。

慢性期：周期性短时间的腹泻，粪便稀薄，黏液便或黄色泡沫状，有恶臭。可伴有上腹烧灼感或不适、腹胀、恶心等。

滋养体寄生于胆管及胆囊时，可引起胆管炎及胆囊炎，也可寄生于阑尾引起阑尾炎。

4. 诊断

粪便检查。腹泻病人用生理盐水涂片检查滋养体。水样或糊状便常含有运动活泼的滋养体，易于检出，但滋养体抵抗力弱，在排出后数小时即崩解，故必须及时做涂片镜检；成形粪便中含有抵抗力较强的包囊，可用碘液染色涂片检查。

指肠引流液检查。直接涂片镜检或离心浓集法常可查出滋养体，以新鲜胆汁阳性检出率较高。

有条件者可用免疫学方法在粪便标本中检查抗原，或从血清中检查抗体。目前以酶联免疫吸附试验、间接荧光抗体试验和对流免疫电泳等方法为辅助诊断。

5. 预防

贾第虫包囊是导致本病传播的主要环节，人主要因吞食被包囊污染的水或食物而感染。包囊对外界抵抗力较强，在外界存活时间也较长，如在水中可存活 1～3 个月，在粪便中可存活 10 天以上，水中常规消毒剂的标准剂量一般对包囊无效。但包囊在 50℃ 以上或干燥环境中极易死亡。针对这些特点，本病的预防重点为：彻底治疗病人及带虫者，控制传染源；加强水源管理是预防本病的重要措施，应开展卫生宣传教育，注意饮食卫生，养成良好的卫生习惯。

6. 治疗

常用的药物有甲硝唑（灭滴灵）和呋喃唑酮（痢特灵）。

十、弓形虫病

本病是由真球虫目、弓形科、弓形虫属的龚地弓形虫寄生于猫及猫科动物细胞内引起的一种人畜共患寄生虫病。临床上一般为隐性感染，少数急性感染患猫可出现高热稽留、食欲不振、呕吐、呼吸困难、眼鼻流有脓性分泌物、血性下痢、浅表淋巴结肿大、运动障碍、流产死胎、实质器官炎性坏死等症状。

1. 病原

弓形虫全部生活发育史分为肠内、肠外两个阶段，速殖子、缓殖子、子孢子、裂殖子和配子体 5 个时期。其中间宿主是包括人在内的 200 多种动物，种类繁多；终末宿主为肉食动物，尤其是猫及猫科动物。

2. 流行特点

裂殖子和有性生殖阶段的虫体可寄生于猫和其他猫科动物小肠绒毛上皮细胞内；速殖子和包囊可出现在中间宿主的多种细胞内，如肝实质细胞、神经细胞等；急性感染时，速殖子也可出现于患猫血液和腹腔渗出液中。中间宿主吞食了孢子化卵囊、孢子囊、速殖子、包囊、缓殖子或经胎盘造成感染。子孢子通过循环系统进入有核细胞，在其中分裂增殖后形成速殖子和假囊，造成急性感染。若虫体即刻产生免疫力则其繁殖会受到限制，残留的虫体可在一些脏器或组织中，尤其是脑组织中，形成包囊，并长期存在。猫等终末宿主吞食了卵囊、孢子囊、速殖子和缓殖子造成感染。之后，一部分虫体进入肠外阶段，另一部分进入肠内阶段发育。

3. 临床特点及表现

幼龄猫则常呈急性经过，主要表现为精神萎靡、食欲减退或废绝。体温通常升高到 $41\sim42$℃，呈稽留热，眼鼻有脓性分泌物，可视黏膜苍白，体表淋巴结肿大，异常咳嗽，呼吸浅而快，呈腹式呼吸。发病初期出现便秘，$2\sim3$ 天后开始下痢，症状严重时可发生血性腹泻。疾病后期，病猫可出现运动失调、麻痹等症状。发病 $7\sim10$ 天后，部分病猫的视网膜或耳翼、颈、腹下、背等部位皮肤出现紫红色斑区或者存在出血点，部分体温开始降低，且伴发死亡。妊娠母猫患病后会发生流产或早产，所产幼仔往往出现排稀便、呼吸困难和运动失调等症状。

慢性型病猫，由于弓形虫会长时间存在于肌肉、眼球、脑内，会使其出现运动障碍，以及视力障碍、斜视、癫痫样痉挛和后躯麻痹等症状。大部分成年猫呈隐性感染，不会表现出明显的症状，但能够向体外排出弓形虫包囊。

血液检查：急性期，红、白细胞减少，中性粒细胞增多。中性粒细胞减少和单核细胞增多者较少见。慢性病例的白细胞总数增多，主要为嗜中性粒细胞增多，血小板减少，但没有出血倾向。

弓形虫病属于细胞内寄生虫病，侵害宿主的所有细胞核，因此病理变化缺乏特征性病变。急性病例出现全身性病变，全身淋巴结肿大，有坏死灶或出血点。患病动物胸腔、腹腔内积液，胸水、腹水增加。肝脏肿大、色淡，有灰白色或出血性坏死灶。胃肠黏肿胀，胃底部发生溃疡，小肠黏膜充血、出血。肾脏、脾脏肿大有出血点。有的脑、脊髓组织内有灰白色坏死灶。慢性病例可见内脏器官水肿，有散在的坏死灶，多发生于老年动物。显微镜下见坏死，周围有多形性的滋养体，有的在心、脑、骨骼肌等处有休止型的包囊体。

4. 诊断

病原学诊断：是弓形虫病最为传统的诊断方法，以直接镜检、滋养体分离等病原学的检查方法为主。即将病猫肝、淋巴结、腹水和前肢静脉血等作涂片，接着使用甲醇进行 2～3 分钟固定，再经过姬姆萨染色，最后放在油镜下观察。如果在红细胞内看到有少量呈弓形或香蕉形的滋养体，一端钝圆、一端略尖，胞浆被染成浅蓝色，核被染成紫红色，就能够确诊感染弓形虫病。但随着弓形虫病发病率的下降、抗弓形虫药物的广泛使用以及弓形虫病临床症状的复杂性，传统的病原学检查方法因操作繁琐、技术要求较高等原因，使基层推广应用受到一定的限制。

血清学诊断法：猫弓形虫病的血清学诊断方法种类繁多，如染色试验、凝集试验、间接荧光抗体试验、免疫胶体金技术、酶联免疫吸附试验（ELISA）以及快速诊断试剂条或者试剂盒等。而临床中，快速诊断试剂、酶联免疫吸附试验（ELISA）以及间接血凝试验（IHA）的应用最为普遍。其中 IHA 方法简单，便于操作，结果迅速且无需使用特殊的设备，是诊断该病的主要方法。

5. 防治

（1）药物治疗　磺胺-6-甲氧嘧啶或者甲氧苄嘧啶，肌内注射，磺胺-6-甲氧嘧啶用量为 50 毫克/千克，2 次/天，连用 7 天，首次使用剂量加倍。止吐止血用止血芳酸、爱茂尔，肌内注射，止血芳酸用量为 16 毫克/千克，爱茂尔用量为 0.5 毫升/千克。

补液。病犬可按 50～60 毫升/千克体重静脉注射 5% 葡萄糖盐水，并配合添加适量的维生素 B_6、维生素 C、雷尼替丁、地塞米松以及 10% 的葡萄糖酸钙，还要补充维生素 B_{12}、肌酐和肝泰乐，以促进肝功能恢复、生成和释放红细胞。纠正酸碱平衡，用 0.1%～0.3% 碳酸氢钠静脉注射，用量为 2～3 毫升/千克；或用适量 5% 葡萄糖稀释清开灵注射液后静脉注射，用量为 2～3 毫升/千克，连用 3 天，病犬精神状态明显好转，之后再进行 2 天的巩固治疗，一般在1周后即可痊愈。

（2）输血疗法 患病猫采取简易的"三滴法"配血试验，即取1滴供血猫血液，1滴病猫血液以及1滴抗凝剂滴加在同一片载玻片上，完全混合后肉眼观察是否发生凝集，如果无血液凝集才可进行输血。病猫按体重输入10毫升/千克健康猫全血，且在整个输血过程中要注意观察其反应。如果出现不安、心悸亢进、呕吐、呼吸急促、痉挛等症状，要立即停止输血，并使用强心药、抗过敏药等。一般治疗第二天，病猫精神状态就明显好转。

（3）预防 一是保持猫舍清洁卫生，定期消毒，猫舍消毒常选择使用20%石灰水、3%烧碱、1%来苏儿等。二是犬猫不可同养。由于弓形虫病是一种以猫科动物为终末宿主的寄生虫病，因此要杜绝猫粪及其排泄物对宠物饲养的环境、饮水、食物等的污染；此外，猫舍要加强防鼠灭鼠，避免猫食入鼠或者其他动物尸体。三是禁止饲喂生鱼、生肉或含有弓形虫包囊的动物脏器组织。

第二节　猫体外寄生虫性疾病诊疗技术

一、疥螨病

猫疥螨病是由疥螨引起的一种常见多发的慢性寄生性皮肤病，本病一年四季均可发生，但多发生于夏季，病原常寄生于皮肤内。健康猫通过与病猫及其污染的工具和环境的直接接触而感染，病猫主要表现为皮肤严重瘙痒、被毛脱落及皮炎症状。根据临床上的统计，本病多发于散养猫及城市流浪猫。

1. 病原

疥螨隶属于节肢动物门、蛛形纲、蜱螨亚纲、真螨目、疥螨科，寄生于人和哺乳动物的皮肤表皮层内，引起一种有剧烈瘙痒的顽固性皮肤病，即疥疮。疥螨成虫很小，类圆形，乳黄色，躯体背面隆起。雌虫长 0.3～0.5 毫米，雄虫 0.2～0.3 毫米。颚体短小，位于前端，有钳形螯肢 1 对，尖端有小齿。躯体背面有波状横纹、刚毛及皮棘。腹面有粗短足 4 对，前 2 对与后 2 对相距甚远，前 2 对足末端有柄状吸垫，雌虫后 2 对足末端各有 1 根长鬃，雄虫第三对足末端各有 1 根长鬃，第四对足末端具柄状吸垫。幼虫有足 3 对。

猫背肛螨身体结构与犬疥螨非常相似，属于专性寄生虫，离开宿主只能存活数天。不同的是，猫背肛螨比犬疥螨更小，直径 200～240 微米，短嘴，2 对前肢很短，向外伸出，具有小柄和吸盘，小柄中等长度（短于犬疥螨），2 对后肢退化，很少突出于身体边缘之外；背部肛门是其特征性结构。

2. 流行特点

猫疥螨病具有流行性，在多数国家少见或罕见，而在某些区域例如欧洲的意大利、瑞士、西班牙、斯洛文尼亚和克罗地亚的部分地区较为流行。疥螨的发育需经过卵、幼虫、若虫和成虫 4 个阶段。疥螨病一年四季均可发生，但在秋冬和初春季节，尤其是阴雨天气下，发病最多，蔓延最快。

3. 临床特点及表现

病变从耳缘开始，迅速扩散至面部、眼睑和颈部，可能由于猫睡觉时常盘绕身体，以及洗脸的习性，能使感染蔓延至爪和会阴部。雌虫在表皮的角质层横向打洞，造成皮肤上密集的微小丘疹、红斑和皮屑，随之形成很厚的结痂，称为"背肛螨盔甲"。常见抓痕和脱毛，瘙痒程度不定（轻度至重度）。随着病情发展可表现全身脱毛和皮肤病变。常见外周淋巴结增大。

4. 诊断

经典的疥螨病都会表现为突发性的严重瘙痒，从局部发展至全身。另一个表现是病变分布的部位经常不对称，通过这一特征能与其他感染性外寄生虫性皮肤病相鉴别。疥螨病的鉴别诊断包括：异位性皮炎、跳蚤叮咬性过敏、食物过敏、细菌性脓皮病、马拉色菌性皮炎、接触过敏、姬螯螨病和耳螨感染等。国外文献中也提到通过活组织和粪便化验寻找疥螨，以及 ELISA 方法检测血清中疥螨抗体。对于临床医生最可行的依然是皮肤刮片后直接镜检虫体。

通常刮片采样能发现大量猫背肛螨成虫、若虫、幼虫、虫卵。

5. 治疗

根据流行病学特点和临床特征可作出初步诊断，确诊需镜检。一旦确诊为疥螨病，应立即采取隔离、清洗、消毒和治疗等综合措施。

（1）隔离患病猫　对同窝饲养的猫应仔细检查，找出患病猫，隔离饲养，防止互相感染。因为有些猫可能会携带疥螨但并不发病，所以共同生活的健康猫也要一起治疗，否则会使疥螨病复发。

（2）清洗患部　将病灶和患部周围的被毛剪掉，用温肥皂水泡软痂皮后揭去痂皮。

（3）药浴疗法　药浴能使药物与螨虫充分接触，更好地发挥药物的杀灭作用。可应用氯苯脒、双甲脒、拟除虫菊酯类杀虫剂药浴，间隔 5 天用药 1 次。药浴时建议厚毛和长毛动物剃毛。任何外用药液一定要保证涂遍动物全身，否则对疥螨很难达到应有疗效。

（4）药物治疗　使用伊维菌素和多拉菌素治疗猫疥螨病非常有效，使用剂量和频率相同：0.2～0.3毫克/千克，皮下注射，每隔

1～2周1次，连续2～3次，但4月龄以内幼猫不能使用。赛拉菌素对猫安全，有报道认为治疗猫疥螨病有效，建议剂量6毫克/千克，间隔1个月再用1次，连用2次。小于8周龄的猫慎用。很多杀虫药对猫都有毒性作用，如氯化烃类有机磷（亚胺硫磷）杀虫剂禁用于猫。各种含硫黄成分的药物对猫都很安全，例如可以使用2%～3%的石硫合剂温水溶液浸泡猫体，浸泡后不冲掉药液，等待干燥，每周1次，直至痊愈。

（5）环境消毒　伊维菌素虽然可以杀死寄生在猫体的螨虫，但环境中如笼底的竹板、笼具上存在螨虫，仍然可能再次感染，所以治疗时要同时应用双甲脒等杀螨药物彻底消毒猫舍及其用品，治疗后的患猫应置于消毒过的猫舍饲养。隔离治疗过程中，饲养管理员应注意经常消毒，避免通过手、衣服和用具散布病原。

6. 预防

疥螨病传播速度快，一旦发生，便可迅速蔓延，在平时的实际饲养中，应以预防为主。

（1）注意购入猫的检查　购入猫时，必须检查或隔离一段时间（20～30天），确认有无螨虫病。

（2）防止健康猫与病猫接触。

（3）注意环境卫生，保持猫舍清洁　猫舍要保持干燥、通风、透光，特别是夏季，应注意防潮，防止湿度过大。同时要防止外界动物（特别是鼠）侵入，消除病原体可能被携带、保存与传播的一切条件。

（4）注意日常消毒。对于猫舍、垫物等要经常更换、清洗、晾晒和定期消毒（至少半月1次），保持干燥卫生。

（5）适时洗澡，保持皮肤清洁卫生　注意洗澡不要太勤，不用碱性太强的洗液和肥皂洗澡，否则都会促使皮肤的保护层受到破坏，螨虫乘虚而入，遂发螨病。一般夏天 2～3 天洗 1 次，暖和天 4～5 天洗 1 次，冬天 1 周以上洗 1 次。

二、蠕形螨病

蠕形螨病又称毛囊虫病或脂螨病，是由蠕形螨寄生于猫皮脂腺或毛囊引起的一种顽固性寄生虫性皮炎，多见于 5～6 月龄幼猫，是一种常见而又顽固的皮肤病。

1. 病原

蠕形螨俗称毛囊虫，在分类上属真螨目、蠕形螨科，是一类永久性寄生螨，寄生于人和哺乳动物的毛囊和皮脂腺内，已知有 140 余种和亚种。猫蠕形螨病的病原一般认为有 3 种：猫蠕形螨、戈托伊蠕形螨、比戈托伊蠕形螨体形稍大的蠕形螨。

蠕形螨体长 0.2～0.3 毫米，平均 0.28 毫米；体宽 0.03～0.045 毫米，平均 0.04 毫米。假头部长约 0.03 毫米；胸部长 0.15 毫米，宽 0.04 毫米；腹部长约 0.25 毫米，宽 0.04 毫米。口器由一对须肢、一对螯肢和一个口下板组成。刚孵出的幼虫，前端椭圆、后端略尖。未发育成熟的胸部有三对足，成虫则有四对粗短的足，腹部有多条明显的横纹。

猫蠕形螨与犬蠕形螨非常相似，在分类学上只存在微小的不同。虫卵纤细或椭圆形。比起犬蠕形螨，猫蠕形螨的所有不成熟阶段的形态都更加纤细。

蠕形螨发育过程有卵、幼虫、前若虫、若虫和成虫 5 期。毛囊蠕形螨卵呈小蘑菇状，大小约 0.04 毫米×0.10 毫米，皮脂蠕形螨卵呈椭圆形，大小约 0.03 毫米×0.06 毫米。卵约经 60 小时孵出幼虫，幼虫约经 36 小时蜕皮为前若虫。幼虫和前若虫有足 3 对，经 72 小时发育蜕皮为若虫。若虫形似成虫，只是生殖器官尚未发育成熟，不食不动，约经 2～3 天发育蜕皮为成虫，约经 5 天左右发育成熟。成虫于毛囊口处交配后，雌螨即进入毛囊或皮脂腺内产卵，雄螨在交配后即死亡。完成一代生活史约需半个月。

2. 流行特点

猫蠕形螨引起的猫蠕形螨病很罕见，猫局部蠕形螨病通常是自限性的。猫局部蠕形螨病只表现为盯聍性外耳炎。猫全身性蠕形螨病罕见，常不如犬类程度严重。纯种猫易感。

普遍认为戈托伊蠕形螨引起的猫蠕形螨病极罕见，在早期只在美国南部的局部地区有少量病例报道。在欧洲此病的发生很零散，只有法国、英国和芬兰等少数国家报道过少量病例。纯种猫比较易感，有明显的传染性。

3. 临床特点及表现

猫蠕形螨病多继发于其他疾病，如食物过敏、猫粉刺、糖尿病与光过敏性皮炎等。

猫蠕形螨引起的猫蠕形螨病很罕见，局部性蠕形螨病病变发生在眼睑和眼周、头部和颈部。瘙痒程度不定。症状包括红斑、皮屑、结痂和脱毛。猫局部蠕形螨病检查时只表现为盯聍性外耳炎。

猫全身性蠕形螨病罕见，纯种猫易感。通常首先在头部和颈部发病，随后也可能蔓延到躯干和四肢。病变包括红斑、皮屑、结痂、色素过度沉着和脱毛性斑或斑块。瘙痒程度不定。

戈托伊蠕形螨与其他种类的蠕形螨相比在多个方面非常独特，具有传染性，可以使猫非常瘙痒。它不像其他蠕形螨那样寄生在毛囊或皮脂腺，而是寄生在表皮角质层内。症状包括脱毛、皮屑、糜烂、结痂，经常位于头部、颈部或肘部，有时会出现多灶性红斑、色素过度沉着的症状，四肢尾侧近端、躯干和腹部毛发因断裂而变短。

4. 诊断

切破皮肤上的结节或脓疱取其内容物，置载片上，加甘油，再加盖片，低倍显微镜检查，发现虫体即可确诊。

根据临床症状可以作出初步诊断。确诊需做实验室诊断，主要有以下 3 种方法：①用手术刀片钝端，刮取病灶皮脂，置洁净载玻片上，丙三醇透明固定，光学显微镜低倍观察。②用双拇指指甲对挤病灶有毛无毛交界处皮肤，挤出毛囊内容物再用手术刀片钝端刮取皮脂，置载玻片上，丙三醇透明固定，光学显微镜低倍观察。③将透明胶纸剪成 2.5 厘米×2.0 厘米大小，粘贴于刮毛后的病灶处，1 分钟揭下贴于载玻片上，丙三醇透明固定，光学显微镜低倍观察。

5. 治疗

由猫蠕形螨引发时可采取石硫合剂或双甲脒浸泡。双甲脒浓度为 125 毫克/千克或 250 毫克/千克，每周 1 次。部分猫全身性蠕形螨病的治疗比犬型容易，可能是由于猫蠕形螨的寄生部位比犬浅表。石硫合剂和柔和的耳道杀虫剂可以尝试治疗耳道蠕形螨。

由戈托伊蠕形螨引发时可采取 2.5％石硫合剂浸泡或 125 毫克/千克或 250 毫克/千克双甲脒浸泡，每周 1 次，至少需要 4～6 次治疗。或伊维菌素 1 毫克/千克，隔日 1 次口服，连续 10 周。

6. 预防

隔离病猫，及时治疗，禁止健猫与病猫接触。对新引进猫先要进行隔离观察检查，确认为无此病的，才能合群饲养。对病猫舍及病猫所用器具，用火焰喷灯高温杀虫或用杀虫剂喷雾消毒。

三、耳痒螨病

猫耳痒螨病是由猫耳痒螨寄生于猫的外耳道皮肤表面所引起的

外寄生虫病。螨虫寄生于动物外耳道皮肤表面，引起外耳部炎症，常可继发细菌感染，病变可蔓延至中耳、内耳甚至脑部，从而引发严重的全身症状，病程迁延或久治不愈者常预后不良。猫耳痒螨分布于世界各地，猫感染较为普遍，而且还可感染雪貂和红狐。此病临床上多见。

1. 病原

猫耳痒螨属于痒螨科、耳痒螨属。虫体呈椭圆形，足体突出。虫体前端突出一短圆锥形的刺吸型口器。雄螨大小为 0.35～0.38 毫米，其第 3 对足的端部有两根细长的毛；雌螨大小为 0.45～0.53 毫米，其第 4 对足不发达，不能伸出体缘。雄螨每对足末端和雌螨第 1、2 对足末端均有带柄的吸盘，柄短，不分节。虫卵为白色，卵圆形，一边较平直，长度 166～206 微米。

耳痒螨的发育过程包括卵、幼虫、若虫和成虫 4 个阶段，全部发育过程需 18～28 天。耳痒螨寄生于猫的外耳道内，具有坚韧的角质表皮，对外界抵抗力超过疥螨，在 6～8℃、空气湿度在 85%～100% 的条件下可存活 2 个月以上。此螨仅寄生于动物的皮肤表面，采食脱落的上皮细胞。采食时分泌有毒物质，对表皮的神经末梢造成化学性刺激，表现耳部奇痒；由于局部受到剧烈刺激而致皮肤增厚，产生红褐色痂皮；当有细菌继发感染时，可引起外耳炎、中耳炎，重者可继发脑炎。耳痒螨一生约产卵 100 个，条件适宜时，整个发育期 2～3 周，条件不利时可转入 5～6 个月的休眠期，以增加对外界的抵抗力。

2. 流行特点

耳痒螨虫具有高度的传染性，猫大多通过直接接触染病，尤其是与流浪猫的直接接触，犬与猫之间也可交叉感染。患病猫是主要的传染来源。耳痒螨分布于全世界，中国以牧区多见，可寄生于多种哺乳动物体表，其中以寄生于绵羊、牛、马、兔体上的最常见。在临床上，猫耳痒螨的感染率与犬相比较高。小猫的发病率最高。成年猫通常带虫而不表现任何症状。

3. 临床特点及表现

动物表现耳部奇痒，当有细菌继发感染时，可引起外耳炎、中耳炎，重者可继发脑炎。

由于耳痒螨寄生于外耳道内，初期只见外耳道潮红、水肿、发痒，大量的耳脂分泌物和淋巴液外溢，且往往继发化脓。患猫剧烈瘙痒，表现不安，常摇头晃脑，以前爪挠耳，造成耳部淋巴外渗或出血，常见耳血肿和淋巴液积聚于耳部皮肤下；病猫经常甩头和摩擦患耳，有时造成耳根部脱毛、破损或发炎，甚至外耳道出血；耳道内可见棕黑色痂皮样渗出物，病猫听力降低。转为慢性时，则时好时坏，反复发作，并可引起耳道的组织增厚，甚至发生肿瘤，导致耳郭皮肤增厚、耳郭变形和听觉障碍。继发细菌感染时，病变可深入到中耳、内耳及脑膜处，出现脑炎及神经症状。偶尔耳痒螨传染到其他部位，可造成瘙痒、丘疹、结痂性皮疹，特别在颈部、臀部或尾巴。

4. 诊断

肉眼或检耳镜观察，耳道内有多量耳垢，可通过询问主人，根据发病季节（冬季或秋末春初）、剧痒程度、耳道分泌物及患部皮肤的变化等，基本可以做出诊断。

症状不够明显者，可取患猫耳部痂皮，检查有无虫体进行确诊。方法是在耳的患部与健部交界处，用手术刀刮取痂皮，直到稍微出血为止，将刮到的病料装入试管中，加入 10% 苛性钠（或苛性钾）溶液，煮沸，待毛、痂皮等固体物大部分溶解后，静置 20 分钟，由管底吸取沉渣，滴在载玻片上用低倍显微镜检查，以发现各发育阶段的虫体及虫卵而确诊。

5. 治疗

（1）清除耳垢　先要清除耳道内渗出物，向耳道内滴加耳垢溶解剂（油酸三乙基对苯烯基苯酚多肽冷凝物 10%、氯乙醇 0.5%、丙二醇 89.5% 混匀），软化溶解痂皮，再用棉签轻轻除去耳垢和痂皮，尽量减少刺激，否则易使病情加重甚至引发细菌感染。

（2）耳内滴注杀螨药　邻苯二甲酸二甲酯和棉籽油混合液（24:76）1~2 毫升，滴入耳道内并轻轻揉之，每 3 天 1 次，直至痊愈。可同时配以抗生素滴耳液辅助治疗，可采用复方多黏菌素滴耳液滴耳。

（3）用洁尔阴洗液的原液将外耳道清洗干净，再用棉签蘸取洁尔阴原液对患耳的耳道轻轻涂擦，使药液渗入皮肤，重症 1 次/天，轻者可 1 次/2~3 天，直到痊愈。此方法可由畜主自己对患猫进行处理，既方便经济，效果又好。

（4）全身用杀螨剂　可选用 1% 伊维菌素注射液进行治疗，0.02~0.06 毫升/千克，每周 1 次，连续 3~5 周。亦可用螨虫净或敌螨净 0.5~0.8 毫升/千克，皮下分点注射，每周 1 次，连续 3~5 周。

（5）对细菌感染严重的患猫，可结合抗生素进行治疗。

6. 预防

隔离患病猫，并对同群猫进行预防性杀螨；对猫经常接触的床铺、垫料、用具和周围环境进行清洗消毒；注意环境卫生，保持环境干燥。

四、硬蜱病

硬蜱是吸血的节肢动物,寄生在宿主体表,吸食血液,同时释放毒素,引起宿主疼痛、皮炎、贫血、消瘦、麻痹,幼畜发育受阻,而且还是多种严重传染性疾病的重要传播媒介。在虫媒性疾病中,由蜱传播的病原体种类较多,如病毒、立克次体、螺旋体、细菌、原虫等,给犬、猫等宠物带来极大危害。

1. 病原

根据 Barker 的分类体系,蜱类隶属节肢动物门、蛛形纲、蜱螨亚纲、寄螨目、蜱亚目、蜱总科,蜱总科又下设 3 个科,即硬蜱科、软蜱科和纳蜱科。截至 2006 年,世界已知蜱类有 3 科 18 属 897 种,中国现有蜱类 2 科 10 属 119 种。硬蜱科全球已发现的种类有 14 属 702 种,我国已证实的硬蜱科种类约有 9 属 104 种。

硬蜱成虫在躯体背面有壳质化较强的盾板,覆盖背面全部(雄虫)或前面一部分(雌虫和若虫、幼虫)。有些种类的盾板上有珐琅样花斑。成虫体分假头和躯体两部分。躯体椭圆形,表皮革质。未吸血时背腹扁平,体长 2~10 毫米,雌性硬蜱吸饱血后有的可达 30 毫米。

颚体也称假头,位于躯体前端,从背面可见到,由颚基、螯肢、口下板及须肢组成。颚基与躯体的前端相连接,是一个界限分明的骨化区,呈六角形、矩形或方形;雌蜱的颚基背面有 1 对孔区,有感觉及分泌体液帮助产卵的功能。螯肢 1 对,从颚基背面中央伸出,是重要的刺割器。口下板 1 块,位于螯肢腹面,与螯肢合拢时形成口腔。口下板腹面有倒齿,为吸血时固定于宿主皮肤内的附着器官。螯肢的两侧为须肢,由 4 节组成,第 4 节短小,嵌出于

第 3 节端部腹面小凹陷内。躯体呈袋状，大多褐色，两侧对称。雄蜱背面的盾板几乎覆盖着整个背面，雌蜱的盾板仅占体背前部的一部分，有的蜱在盾板后缘形成不同花饰称为缘垛。腹面有足 4 对，每足 6 节，即基节、转节、股节、胫节、后跗节和跗节。足 I 跗节背缘近端部具哈氏器，有嗅觉功能，末端有爪 1 对及垫状爪间突 1 个。生殖孔位于腹面的前半，常在第 II、III 对足基节的水平线上。肛门位于躯体的后部，常有肛沟。气门一对，位于足 IV 基节的后外侧，气门板宽阔。雄蜱腹面有几丁质板，其数目因蜱的属种而不同。

硬蜱发育属不完全变态，生活史包括卵、幼虫、若虫和成蜱四个时期。每个阶段必须吸血一次才能进入下一阶段（个别种类雄虫不吸血），吸血时间较软蜱长，一般需要几天或 1 周左右。和软蜱比较而言，硬蜱所有种类的生活史有着惊人的一致，所有的硬蜱都只有一个单一的若虫阶段。成虫吸饱血后，从宿主身上落地交配，爬行在草根、树根、畜舍等处，在表层缝隙中产卵。硬蜱一生产卵一次，饱血后在 4~40 天内全部产出，可产卵数百至数千个。产卵后雌蜱即干死，雄蜱一生可交配数次。虫卵在适宜条件下可在 2~4 周内孵出幼虫。幼虫形似若虫，经 1~4 周蜕皮为若虫。硬蜱寿命 1 个月到数十个月不等，硬蜱完成一代生活史所需时间因种类不同而异，大多从 2 个月至 3 年不等。

硬蜱在生活史中各活动时期均需在宿主上寄生吸血，根据其发育各期是否更换宿主而分为三种类型：①一宿主蜱。硬蜱的幼虫、若虫和成虫阶段均在一个宿主上度过，仅在产卵前离开宿主。如微小牛蜱。②二宿主蜱。二宿主蜱生活史一般跨越 2 个年度。春季越冬幼虫寄生在第一宿主（通常为啮齿动物或兔形目动物）上吸血、蜕变为若蜱。夏末或秋季，若蜱吸饱血后脱离第一宿主。若蜱安全越冬后，第二年春季蜕皮为成虫，再寻找第二宿主（一般为较大的草食动物，如牛科和鹿科）吸血。人类可能成为其第一或第二宿主，第二宿主并不一定必须是一个独立的物种。如残缘璃眼蜱、囊形扇头蜱等。③三宿主蜱。三宿主蜱生活史通常跨越3个年度，春季越冬幼虫寄生在第一宿主（通常为啮齿动物），夏季幼虫吸饱血后脱离第一宿主并蜕变为若虫。安全越冬后，第二年春季寄生在第二宿主（通常为啮齿动物或兔形目动物）上，夏末时节吸饱血后脱落并蜕变为成虫。第三年春季再寄生在第三宿主（一般为较大的草食动物如牛科和鹿科或人）上。大多数硬蜱均属此类，如全沟硬蜱、长角血蜱、草原革蜱等。

硬蜱对于宿主具有不同程度的专一性，有的种类具有高度的专一性。硬蜱的宿主范围不一，大多数硬蜱则有广泛的宿主，如全沟硬蜱可以在206种哺乳类和鸟类等动物上寄生，其中主要的宿主有35种。

2. 流行特点

硬蜱在世界范围内广泛分布，和软蜱相比，硬蜱在温带地区发生更为频繁。绝大多数的硬蜱生活在野外，多分布在开阔的自然界，如森林、灌木丛、草原、半荒漠地带，尤其是未经开垦的山林和草地，但也有少数寄居在畜舍或畜圈周围。不同蜱种的分布又与气候、土壤、植被和宿主有关，如全沟硬蜱多见于高纬度针阔混交林带，而草原革蜱则生活在半荒漠草原，微小牛蜱分布于农耕地区。硬蜱可在动物的洞穴、土块、枯枝落叶层中或宿主体上越冬。硬蜱的活动具有明显的周期性，其大部分种类活动的高峰季节在春季，也有一些种类在夏季。我国各地猫感染的硬蜱种类与其习惯活动的地带有关。硬蜱的活动一般发生在白天，具有很强的耐饥饿能力。

硬蜱主要通过猫的室外活动、繁殖场所传播到猫身上，可附在宿主身上连续取食几天。雌蜱吸饱血后从宿主身上掉下，寻找适当的地方栖息，产卵后死去。孵出的幼体爬到草上，等候宿主，受哺乳类动物发出的丁酸气味刺激，幼虫吸附于宿主身上。吸饱血后，幼虫落地并蜕皮，成为 8 足的若蜱。若虫也等待适当的宿主，吸饱血后又掉下来蜕皮变为成虫。硬蜱在宿主的寄生部位常有一定的选择性，一般在皮肤较薄、不易被搔动的部位，如颈部、耳后、腋窝、翅下、趾内等。

猫是硬蜱的主要宿主，硬蜱可作为寄生虫病和传染病的重要媒介，通过吸血并分泌神经毒素（有时使宿主麻痹或死亡）及其排泄物，传播微孢子虫病、落基山斑疹热、Q 热、兔热病、出血热和脑炎等疾病。

3. 临床特点及表现

硬蜱对猫的致病性表现为：

（1）直接危害　蜱类吸血造成皮肤损伤，引起寄生部位痛痒，使猫烦躁不安，摩擦或啃咬体表，伤口部位会继发皮炎。蜱寄生于猫趾间时，即使只有一只也会造成猫跛行，捉除蜱后，猫会继续跛行几天。蜱大量寄生时，能引起猫贫血、消瘦、发育不良，以及幼猫的死亡。若大量寄生于头、颈或后肢部，可引起猫全身麻痹或后躯麻痹等蜱麻痹现象。

（2）间接传播疾病　蜱类的吸血特性可使其携带的病原体传播到猫身上。蜱可携带的病原体包括约 83 种病毒、26 种原虫、20 种立克次体、17 种螺旋体、14 种细菌及钩端螺旋体、鸟疫衣原体、霉菌样支原体、鼠丝虫、线虫、巴尔通氏体、锥虫等。

4. 诊断

诊断主要综合流行病学史（疫区接触史、蜱叮咬史等）、临床表现和实验室检查三方面的结果。其中，实验室诊断对病情的控制具有关键作用，尤其是在动物的发病早期。硬蜱的诊断非常容易，发现畜体有蜱即可做出确诊。目前对硬蜱类所传播的梨形虫病和边虫病的诊断主要依靠病状和血液涂片的检查来确诊，对其他病毒性疾病（森林脑炎）、Q 热、细菌性疾病及螺旋体病的诊断则要结合动物接种、病原分离及免疫学诊断、直接血凝试验（HA）、血凝抑制试验（HI）、间接血凝试验（IHA）、反向间接血凝试验（RIHA）、补体结合试验、ELISA（酶联免疫吸附实验）、皮肤试验、DNA 探针、聚合酶链式反应（PCR）、电镜及免疫电镜技术、免疫印迹技术等。

5. 治疗

（1）消灭身体上的硬蜱

① 机械法灭蜱。用手捉去猫身上的硬蜱。这种方法只能用于少量硬蜱寄生时或用作辅助方法。捉蜱时手应与动物的皮肤呈垂直方向，将硬蜱往上拨出，这样才能使虫体完整地脱离畜体，不然硬蜱的口器很容易被拔断而留在畜体皮下，引起局部炎症。

② 药物灭蜱。可采用 0.2%～0.5%敌百虫水溶液或 0.33%敌敌畏水溶液（即 50%的敌敌畏原液一份加上水 150 份）喷洒或洗刷身体，每半个月用药 1 次，此法适用于温暖季节。菊酯类药物和伊维菌素对硬蜱均有一定效果。

（2）消灭畜舍的硬蜱　可用敌敌畏或敌百虫水溶液喷洒柱栏和木桩等，也可用溴氢菊酯喷洒畜体和畜舍。

（3）对引进的或输出的家畜均要检查和进行灭蜱处理，防止外来家畜带进或有蜱寄生的家畜带出硬蜱。

（4）消灭外界环境的硬蜱，最好的办法是改变自然环境条件，因大多数硬蜱生活在荒野中，若能创造不利于蜱生活的环境，如辟山造林、消除杂草、砍掉经济价值不大的灌木丛、改良土壤、栽培牧草和作物等，既有利于消灭硬蜱又可增加经济收入。

6. 预防

对硬蜱的预防必须在了解硬蜱的生物学特性，包括硬蜱的发育史、生活习性、消长季节和宿主范围等基础上，才能制定出行之有效的预防措施。

经常检查猫体表和窝舍的硬蜱，发现后用手摘除。猫舍要通风干燥、填抹墙缝、堵封洞穴，保持周围环境清洁，窝舍要打扫干净，定期药物喷洒，以消灭蜱的滋生场所。

佩戴除虫项圈有助于减少感染机会。避免猫在硬蜱滋生地活动。

死亡的宠物尸体需安全运输至指定地点进行无害化处理，对场地进行严格消毒和监控。

采取生物防治方法。自然界中大约有 100 多种病原体、150 多种捕食性天敌和 7 种拟寄生性黄蜂对蜱具有致病性或可作为蜱的天敌。近 20 年来，国外观察了多种病原和天敌对蜱的防治效果，但尚无商品化生防制剂生产。

五、软蜱病

软蜱属于节肢动物门、蛛形纲、蜱螨亚纲、寄螨总目、蜱目、软蜱科。软蜱在世界范围内造成的危害和危害严重性次于硬蜱。软蜱全世界已记载 2 亚科 5 属 193 种，我国有记录的软蜱科种类有 2 属 13 种，常见致病种为波斯锐缘蜱、翘缘锐缘蜱、拉合尔钝缘蜱、乳突钝缘蜱。

1. 病原

软蜱躯体背面无骨化的盾板；表皮呈皱纹状、颗粒状、乳突状或陷窝状。假头位于体腹面前方。须肢指状，各节可自由活动。气门板小，位于第4对足基节的前外侧。多无眼或具眼1~2对，位于腹面足基节上褶；爪垫除幼虫外，均退化或缺失。性的二态现象不明显，软蜱雌雄外观相似，但生殖孔的形状不同，雌虫呈横沟状，雄虫为新月形。若虫外观也与成虫相似，但未形成生殖孔。若虫阶段为2~8期。生活史一般半年至2年。在饥饿情况下，可延长至10年以上。

软蜱发育过程分卵、幼虫、若虫和成虫四个时期。软蜱与硬蜱的区别在于：间歇取食，产几窝卵，发育期在家中或宿主窝中度过而不是在田野里。成虫吸血后交配落地，爬行在草根、树根、畜舍等处，在表层缝隙中产卵。产卵后雌蜱即干死，雄蜱一生可交配数次。卵呈球形或椭圆形，大小约0.5~1毫米，色淡黄至褐色，常堆集成团。在适宜条件下卵可在2~4周内孵出幼虫。幼虫形似若虫，但体小，有足3对，经1~4周蜕皮为若虫。若虫有足4对，无生殖孔，到宿主身上吸血，落地后再经1~4周蜕皮而为成虫。软蜱的成虫由于多次吸血和多次产卵，一般可活五六年至数十年。软蜱多为多宿主蜱，其幼虫不更换宿主，各龄若虫及成虫需多次更换宿主。宿主多为中小型哺乳动物。

2. 流行特点

软蜱多栖息于家畜的圈舍、野生动物的洞穴、鸟巢及人住房的缝隙中。软蜱多在夜间侵袭宿主，吸血时间较短，一般数分钟到1小时。主要通过动物的室外活动、繁殖场所传播到宠动物身上。犬、猫是软蜱的宿主，尤其是流浪犬、猫。

软蜱呈世界性分布，我国多发于新疆、山西等地。由于软蜱吸血，大量寄生时能使病猫消瘦、贫血、衰弱，甚至造成死亡。软蜱还能传播各种疾病。

3. 临床特点和表现

同硬蜱病。

4. 诊断

同硬蜱病。

5. 治疗

要堵塞动物舍所有的裂口和缝隙，进行粉刷，定期清除垃圾和灰尘，都能减少舍内蜱的数量。还可用敌敌畏烟剂熏杀，用量为0.5克/立方米，熏杀后密闭门窗1～2小时，然后通风排烟。

敌敌畏烟剂：氮酸钾20％、硫酸铵（化肥）15％、敌敌畏20％、白陶土（或黄土）25％、细锯末（干）20％，研细混匀，压制成块备用。国外近年来研究出一种灭蜱的新途径，对软蜱的防制效果很好。其方法是将苏云金杆菌的制剂——内晶菌灵涂洒于猫的体表，能使蜱死亡率达70％～90％。许多国家广泛应用了这种微生物药剂，取得了良好的防治效果，一般认为这是一种有前途的防治方法。

6. 预防

检查犬、猫体表和窝舍的软蜱，发现后用手摘除。犬、猫窝舍要通风干燥，定期更换褥垫并及时晾晒，保持窝舍干净卫生，定期喷洒药物，消除软蜱的滋生场所。佩戴除虫项圈有助于减少感染机会。避免家养猫与流浪犬、猫接触，不要在软蜱滋生地活动。死亡的宠物尸体运输到指定地点进行焚烧处理。

六、蚤病

蚤是一类依靠口器吸食哺乳动物（包括人）和鸟类血液存活的体外寄生虫。它们除了吸血、骚扰外，有些种类是鼠疫、肾综合征、出血热、地方性斑疹伤寒、巴尔通体感染、绦虫病、钩端螺旋体病等重要传染病的传播媒介。在对猫的叮刺过程中，唾液腺可以分泌致敏性物质，引起过敏性皮炎，同时还可以引起缺铁性贫血。

1. 病原

蚤属于昆虫纲、蚤目，全世界共记录蚤 2000 多种；目前我国有 10 科、75 属、655 种蚤类。猫跳蚤病主要由猫栉首蚤引起，猫栉首蚤主要寄生于犬、猫，有时也可见于其他温血动物。猫的跳蚤还可以传播人的复孔绦虫和缩小膜壳绦虫，而且还可以咬人、吸血，因此在公共卫生上有一定的重要性。

蚤雌蚤长 3 毫米左右，雄蚤稍短，体棕黄至深褐色。基本特征是：体小而侧扁，触角长在触角窝内，全身鬃、刺和栉均向后方生长，能在宿主毛、羽间迅速穿行；无翅，足长，基节特别发达，善于跳跃。

蚤生活史为全变态，包括卵、幼虫、蛹和成虫 4 个时期。典型的蚤家族一般由 50％的卵、35％幼虫、10％的蛹和 5％的成虫共同组成。雌蚤通常在宿主皮毛上和窝巢中产卵，孵化后幼虫以尘土中宿主脱落的皮屑、成虫排出的粪便及未消化的血块等有机物为食，阴暗、温湿的生活环境很适合幼虫和蛹发育。蚤成虫无论雌雄不吸食血无法生存或繁殖，但其抗饥饿能力也很强。蚤成虫对宿主体温很敏感，当宿主因发病而体温升高或在死亡后体温下降时，蚤都会很快离开，去寻找新的宿主，蚤的这一习性使得疾病不断传播。

2. 流行特点

蚤类主要孳生于阴暗、潮湿，有动物宿主居留的地方，如室内墙角、床下及宠物、鼠类的巢中，成蚤由于吸血和对温度的需求，常寄居于宿主的毛发间，或游离到宿主居住场所及附近。大多数蚤类皆在温暖季节繁殖，一般最适温度为 18～27℃，最适相对湿度为 70% 以上。蚤的发生高峰季节随地区、气候而异，如印鼠客蚤在 9 月最盛，人蚤在 8、9 月数量最多。但由于近年来空调、暖气等设施普遍应用，某些室内环境一年四季均可发生跳蚤骚扰。

蚤类在区系方面分为 2 界 3 亚界 7 区 19 亚区，以三北（东北、西北、华北）和西南地区较多。迄今约有 258 种和亚种为我国所独有，这表明蚤种类的分布具有高度的地方性。

蚤的地理分布主要取决于宿主的地理分布，在食虫目、翼手目、兔形目、啮齿目、食肉目、偶蹄目、奇蹄目、鸟纲等温血动物身上常有蚤类寄生，而寄生于啮齿目的较多。地方性种类广见于南、北极，温带地区，青藏高原，阿拉伯沙漠以及热带雨林，其中有些蚤种已随人畜家禽和家栖鼠类的活动而广布于全世界。

国外调查显示野猫的跳蚤感染率可达 92.5%，所以家养猫感染跳蚤极有可能是被野猫传染的。由于蚤类对宿主选择性较广泛，因此成为某些自然疫源性疾病和传染病的媒介及病原体的储存宿主，如腺鼠疫、地方性斑疹伤寒、土拉菌病等；同时也是某些绦虫如犬复孔绦虫、缩小膜壳绦虫、微小膜壳绦虫等的中间宿主。

此外由于宠物饲养者与带蚤宠物的密切接触，增加了跳蚤感染人类的机会。跳蚤除了直接叮刺人的皮肤造成叮刺性皮炎和过敏性皮炎，引起皮肤瘙痒和身体不舒适外，还是很多疾病的重要媒介。

蚤的宿主范围很广，包括兽类和鸟类，但主要是小型哺乳动物，尤以啮齿目（鼠）为多。宿主选择性随种而异，传播疾病者大多是选择性不严的种类。蚤的成虫吸饱血后，可离开宿主，到下次需要吸血时再爬上来。蚤善跳跃，可在宿主体表和窝巢内外自由活动，个别种类可固着甚至钻入宿主皮下寄生，如潜蚤。

蚤的自然宿主范围很广，包括兽类、人类和鸟类，但主要是小型哺乳动物，尤以啮齿目（鼠）为多。蚤是家养宠物尤其是犬、猫等小动物最重要的、最常见外寄生昆虫，感染率极高，危害极大。

3. 临床特点及表现

对猫的致病性主要表现为刺咬症、寄生症和失血性贫血症。

（1）刺咬症 跳蚤在宿主体表爬行及刺叮吸血时，可使人或动物受刺激，不得安宁，以致烦躁、失眠，影响休息。蚤类唾液中某些蛋白质和化学物质，作为过敏原可造成宿主局部组织的变态性反应，轻者几乎不留痕迹，重者局部可起大小不同的丘疹甚至风疹，奇痒无比，抓破后可致感染化脓，造成更大的损害。

（2）失血性贫血症 大量蚤类寄生于猫体时，蚤大量吸血会造成幼小猫失血性贫血，或成年猫体质虚弱。

本病的临床症状主要是瘙痒。病猫表现为搔抓、摩擦和啃咬被毛，引起脱毛、断毛和擦伤，重症的皮肤磨损处有液体渗出，甚至形成化脓创。有时可引起过敏反应，形成湿疹，一般可见脱毛。被毛上有跳蚤的排泄物，皮肤破溃，下背部和脊柱部位有粟粒大小的结痂。

4. 诊断

仔细检查猫颈部及尾根部被毛，检查时，逆毛生长方向梳起被毛，观察毛根部及皮肤，如发现跳蚤或蚤粪即可确诊。也可用一张湿润的白纸，放在猫身下，然后用梳子梳毛，蚤的排泄物即不断地掉到白纸上，由此即可确诊。

实验室诊断可采用蚤抗原皮内反应试验：用灭菌生理盐水 10 倍稀释跳蚤抗原，取 0.1 毫升腹侧注射，快者 5～20 分钟内产生硬结和红斑，迟者 24～48 小时后出现反应，可证明宠物有感染。

5. 治疗

临床上许多有机磷酸盐类制剂、氨基甲酸酯类制剂对蚤类都非常有效，但都具有一定的毒性，用时一定要谨慎，特别是猫很敏感。

常用药物：有机磷酸盐，这类化合物中有些是非常有效的杀虫剂，毒性较大。现已发现对此类药产生耐药性的蚤群；氨基甲酸酯，比有机磷类杀虫剂毒性略小；除虫菊酯类，毒性较小，但接触毒性表现得快而强烈，可用于幼犬和幼猫；伊维菌素类药物，毒性较小，是目前较好的杀跳蚤药。

猫物体表的蚤，可使用0.025％除虫菊酯或1％的鱼藤酮粉溶液，也可选用双甲脒、伊维菌素等药剂。杀灭体表蚤的同时，必须配合对猫活动场所及用具彻底消毒。剧痒不止的宠物可注射地塞米松和苯海拉明止痒。

现已有进口杀虫滴剂和杀蚤片剂，可以杀死成虫及阻断其繁殖过程，是目前较理想的杀蚤药。

6. 预防

加强饲养管理，改善卫生条件。保持猫及窝舍的清洁和定期消毒，经常通风干燥，勤梳理、多晒太阳。管理用具要经常用开水烫洗。也可给猫佩戴含杀虫药剂的项圈来预防，但有的猫长期使用会引起皮肤过敏。

七、虱病

虱病是虱以尖爪、吸血、咬伤及毒性分泌物刺激皮肤等引起的皮肤寄生虫病。猫的虱病可分为毛虱病和吸血虱病。猫毛虱病一般只引起一些老猫、病猫和野猫发病。寄生于猫的虱为猫毛虱属的猫毛虱。毛虱病是由毛虱属的昆虫所致，以毛和表皮鳞屑为食，一般不吸血。吸血虱病是由颚虱属的昆虫所致，以吸食宿主的血液为生。

1. 病原

寄生于猫的毛虱是猫毛虱属的猫毛虱，长约 1.2 毫米，淡黄色，腹部白色，具黄褐色条纹，头呈五角形，较犬毛虱要尖些，胸节较宽。猫毛虱的卵呈卵圆形，灰白色，半透明，产出后粘在被毛上。

虱为不完全变态，其发育过程包括卵、若虫和成虫。成虫雌雄交配后雄虱即死亡，雌虱于 2～3 天后开始产卵，每只虱一昼夜产卵 1～4 枚。卵黄白色，（0.8～1.0）毫米×0.3 毫米，长椭圆形，黏附于猫被毛上。雌虱产卵期 2～3 周，共产卵 50～80 枚，卵产完后即死亡。卵经 9～20 天孵化出若虫，若虫分 3 龄，每隔 4～6 天蜕化 1 次，3 次蜕化后变为成虫。毛虱一生均在宿主身上度过，离开宿主的毛虱，在外界只能生存 2～3 天。

2. 流行特点

此病传染性强，发病通常和管理差、动物体质虚弱和卫生条件不好有关。最初可在猫肩颈部发现病变，猫可出现瘙痒、皮肤发炎、脱毛等表现。此病多由外在感染所致，病猫大多曾与受感染的猫有过接触。

虱每年能繁殖 6～15 代，每年 5～10 月都是虱的繁殖季节，但在夏天虱会繁殖得特别快。秋冬季节猫被毛浓密，有利于虱的繁殖，其传播方式为直接接触传播。虱离开猫体表后，在 35℃ 下 24 小时即可死亡，在 0～6℃ 时可存活 10 天，因此冬季为虱传播的最适季节。

猫主要通过接触患病动物或被虱污染的房舍、用具、垫草等物体而被感染。圈舍拥挤、卫生条件差、营养不良及身体衰弱的猫易患虱病。冬春季节，猫的绒毛增厚，体表湿度增加，造成有利于虱生存的条件，更有利于虱的生存繁殖而易于流行本病。虱的寄生有严格的宿主特性，主要靠宿主间的直接接触传播，也可通过间接接触（如用具及人的携带）传播。

3. 临床特点及表现

毛虱栖身活动于猫体表被毛之间，以毛和表皮鳞屑为食，造成猫的瘙痒和不安。猫因瘙痒而啃咬造成自我损伤，引起脱毛，继发湿疹、丘疹、水疱、脓疱等，严重时食欲不振、睡眠不安、消瘦衰竭，造成猫的营养不良。

猫虱病主要表现为瘙痒和皮肤刺激，从而引起猫的挠抓、摩擦和啃咬患部，被毛变得粗糙无光泽。虱量过多时，可引起被毛缠结，影响猫的外观。吸血虱唾液里的毒素能刺激猫的神经末梢，使猫发痒不安。

4. 诊断

寄生于猫的虱大小均为 2 毫米以下，若仔细观察则易于发现。通常寄生在避光部位，多见于颈部、耳翼及胸部，如可见这些部位的被毛损伤和黏附在被毛上的卵，即可作出诊断。

5. 治疗

首先要隔离患病猫。症状较轻的成年猫可选用 1：（1500～2000）的"贝特"液药浴，每隔 15 天 1 次。定期用弱碱性溶液给动物洗澡，及时梳开缠绕的被毛，并修剪打薄。经常刷洗猫体，以促进皮肤血液循环，改善皮肤微生态环境。对于严重感染猫同时皮下注射伊维菌素，0.2 毫克/千克体重，每周 1 次，连用 2～3 次。注射伊维菌素简单易行，但对仔、幼猫毒性较大，注射局部刺激性较强。最可靠的防治方法是药浴，菊酯类药物具有毒性低、杀虫效果明显等特点，而且还可以驱杀其他体外寄生虫。

治疗虱病可用 0.75% 鱼藤粉剂或 0.5%～1% 敌百虫水溶液喷

洒或药浴，但虫卵不易杀死，应于 10～14 天后重复用药 1 次。拟除虫菊酯类药物和阿维菌素对虱类也有极强的杀灭作用。杀虫剂如双甲脒乳剂、杀螨灵、西维因（胺甲萘）、氰戊菊酯、溴氰菊酯（敌杀死）、蝇毒磷、马拉硫磷、除虫菊等药物对虱有杀灭作用，但应注意这类药物有较强的毒性，故应严格按说明配制药液浓度，同时，应控制使用的药液量。洗浴时空气要流通，药浴后用温水清洗干净，以免中毒。

发生湿疹或继发感染时，药浴刺激性大，可用氨苄青霉素 5～10 毫克/千克体重肌内注射。剧烈瘙痒时可用地塞米松 0.5～1.5 毫克/千克体重，或泼尼松 0.5～1.0 毫克/千克体重，或苯海拉明 2.2 毫克/千克体重肌内注射等。

6. 预防

为预防虱病，可以给猫带除虱项圈，其药效长达 3 个月，使用极为方便。平时搞好猫舍和猫体的清洁卫生，定期消毒杀虫。常给猫梳刷洗澡；发现有虱者，及时隔离治疗；做好检疫工作，无虱者方可混群。

第六章

猫真菌感染性疾病诊疗技术

一、猫皮癣菌病

浅部真菌病简称为癣，由浅部真菌侵害体表角化组织引起的一类疾病，包括头癣、体癣、手足癣、股癣、花斑癣、癣菌疹。癣病具有长期性、广泛性、传染性的特征，一直是皮肤病防治工作的重点。

1. 病原

引起癣病的病原菌是皮肤癣菌，又称皮霉，是一类只侵害人、畜体表角化组织（皮肤、毛、发、指甲、趾甲、爪、蹄等），而不侵害皮下等深部组织或内脏的浅部病原性真菌。皮肤癣菌属于不完全菌纲，对人、畜有致病性的皮肤癣菌根据其形态、培养特性可分为三属：毛癣菌属、小孢子菌属和表皮癣菌属。近年来相关报道显示，92％的犬猫皮肤癣菌病致病菌为犬小孢子菌、3％为石膏样小孢子菌、5％为须毛癣菌。

（1）毛癣菌属　菌丝呈螺旋状、球拍状、结节状或鹿角状。大分生孢子数目少或无，孢子壁光滑、较薄，孢子呈长棒状或细梭状，具有2～6个横隔，大小约10～50微米。小分生孢子数量多，单细胞，简单侧生呈葡萄串状、梨形或棒状。

（2）小孢子菌属　陈旧培养物中，菌丝呈结节状、梳状或球拍状，大分生孢子呈纺锤状，其表面粗糙有棘，壁厚；具有 5～15 个隔，大小约 40～150 微米。小分生孢子呈卵圆形或棒状，单细胞，无小梗或小梗很短。孢子均单独生长在侧枝的末端。

（3）表皮癣菌属 菌丝呈球拍状，并可见数目较多的厚壁孢子。大分生孢子数目较多，呈卵圆形或棒状，孢子壁光滑而薄，具有 2～4 个隔，大小为 30～40 微米。此属无小分生孢子。

该类菌对各种理化因素具有很强的抵抗力。毛癣菌属可耐受100℃ 2 小时，110℃需经 1 小时才能灭活。对常用的消毒剂、紫外线、放射线具有相当的抵抗力。

2. 流行特点

癣病遍布于世界各地，在我国也是常发病，且无明显季节性，皮肤和被毛不洁，温、湿环境有利于本病的发生和传播。

皮肤癣菌对自然环境的适应范围广泛，生活能力极强，大气、土壤、动植物的体表、人类及动物的粪便、地板表面等存在大量的不同的致病性真菌。卫生条件差及湿热的环境中繁殖活跃。犬、猫是城市居室内的主要传染源。皮肤癣菌可以在人和动物之间以及不同动物之间相互传染。猫癣病的传播途径主要通过直接接触或接触被其污染的用具、食具和铺垫物品，同时猫可将病原传染给接触它们的其他动物和人，患病的人和其他动物也可将病原传染给犬和猫。多种动物均有易感性，其中犬、猫、兔、牛、驴尤为易感，许多野生动物均有感染的报道。

外部寄生虫感染、过敏性疾病、细菌性皮肤病、皮肤表皮损伤、代谢性疾病、内分泌性疾病等都会造成皮肤微生态环境的破坏，从而影响皮肤的酸碱度、湿度、温度等，为皮肤癣菌的生长和繁殖提供条件。皮肤癣菌通常在毛发、指甲、皮肤的角化层生长，在活组织中生长相对受到限制，而当机体出现严重炎症时，皮肤癣菌则可持续存在，潜伏期约为 1～4 周。近年来的多项研究表明真菌的发病机制多与菌丝及其内源性蛋白有关，真菌能在毛囊口产生大量菌丝伸入毛囊，从而吸取营养以大量繁殖，并破坏毛囊、毛根及毛球上部的角质，分裂形成紧密的孢子或分节菌丝，从而引起毛发病变及皮肤炎。

3. 临床特点和表现

通过对患畜临床症状的观察，确定患病部位及具体的患病情况。猫皮肤癣菌病根据不同个体或不同的感染情况具有不同的临床特征，从隐性带菌状态到片状或圆形脱毛，或迅速发展为全身性病变。而常见于猫的典型的临床症状为圆形脱毛。除此之外，皮肤癣菌病还可能有以下的临床表现，如鳞屑、红斑、色素沉着过多、瘙痒，或可能发生肉芽肿病变（假足分枝菌病）、脓癣（石膏样小孢子菌）、毛囊炎、甲床发炎、指甲畸形、猫粟粒性皮炎等症状。具体的特征性临床症状在老年或幼年动物更为常见。

4. 诊断

浅部真菌病可根据病史、临床表现特点，诊断一般较易。必要时可进行如下辅助检查。

（1）真菌显微镜检查 选取皮损边缘的鳞屑或病发几根。置于玻片上，加入氢氧化钾溶液 1 滴，加盖玻片。然后放在酒精灯上加热片刻，以促进角质溶解。最后进行镜检观察。真菌检查阳性对诊断有确诊作用，但检查为阴性也不能排除癣的可能。

（2）真菌培养 常规的培养基是采用沙堡弱培养基。将从病灶取来的鳞屑、毛发或疱膜接种后，放入 25～30℃ 恒温箱中培养。一般 5 天左右即可见菌落生长，随后可进行菌种鉴定。如经 3 周培养无菌落生长，可报告培养阴性。

（3）滤过紫外线灯检查 该灯又名伍德灯，系紫外线通过含有氧化镍的玻璃装置，于暗室里可见到某些真菌，在滤过紫外线灯照射下产生荧光。这样可根据荧光的有无以及色彩不同，在临床上对浅部真菌病，尤其头癣的诊断提供重要参考。

5. 治疗

该病的治疗目的不应该仅仅局限于治疗动物本身的感染，更应该重视的是感染源的驱除。治疗过程中，感染的动物最好与家庭中的其他宠物隔离饲养。同时，每个确诊为皮肤癣菌感染的动物的治疗均应进行局部治疗，必要时可进行全身修剪毛发，以减缓感染的扩散，严重时可进行口服抗真菌药物的治疗。局部治疗时，可进行局部的抗真菌药浴，最常用的药物包括酮康唑、伊曲康唑、特比萘芬。

（1）治疗原则 对于皮肤或黏膜的一般性癣菌感染，首选方法应为外用的抗真菌药物治疗。而对于角化过度型、累及甲母的甲真菌病、皮肤癣菌肉芽肿、马拉色菌毛囊炎等患畜应首先考虑系统用药或进行联合治疗。动物表皮局部的癣菌感染一般宜采用局部用药治疗，常用的有抗真菌的膏剂或喷剂，直接作用于患病动物的患处。治疗过程中应该注意的是，对于敏感部位如眼眶、鼻周、嘴唇等可直接舔舐的部位应进行上药后按摩，使药物充分吸收，防止宠物舔舐；而对于腿部、腹部等可舔舐的部位则应配合伊丽莎白圈进行治疗。动物表皮局部感染后深入皮肤深层的癣菌感染应在局部用药治疗的同时采用全身性治疗，可采用口服药物治疗以控制深层次的感染，防止全身扩散。而对于继发性的皮肤癣菌病，应在治疗原发性疾病的基础上针对性用药，用以治疗癣菌感染。在治疗癣菌感染的过程中，用药时应注意患畜的病史，考虑是初发疾病还是反复发作，初发者可选用一般抗真菌药物，如克霉唑、咪康唑等。如屡次发作，则需加强用药，甚至口服三唑类药物，并加用免疫调节剂。此外，用药时还要考虑有无并发症，如糖尿病、长期服糖皮质激素类药物等情况，如果用药后效果不明显，疗效较差，则应选较强的抗真菌药物，且长期用药进行控制，并定期更换药物以防耐药性的产生，同时积极治疗并发性疾病。对于较为严重的皮肤癣菌病，严禁局部或全身应用糖皮质激素类药物，虽然糖皮质激素类药物在早期能起到较好的止痒效果，但其对抗真菌药物的疗效有负面影响，使得疾病的治疗更为困难。

（2）合理选择用药　治疗皮肤癣菌病时，不能仅仅依靠经验使用抗真菌药物，而要根据病史，必要时对病原菌进行分离鉴定及药敏试验，根据药敏试验结果合理使用抗真菌药物。在经验性使用抗真菌药物、不合理使用抗真菌药物及滥用抗真菌药的情况下，易导致耐药菌株的产生，而微生物一旦获得对某种抗菌药的耐药性，就很难恢复对该种药物的敏感性，故临床上治疗用药需要谨慎进行。严重的真菌感染，长期使用抗真菌药物治疗未痊愈、反复发作的皮肤癣菌病，都需要进行致病菌的分离及药敏试验，计算其最小抑菌浓度，以选择敏感的抗真菌药物，并制定详细的治疗方案。良好的抗真菌药物使用应遵循以下几个原则：①经体外试验及具有实证医学性的试验研究证实的有效的种类、剂量及投药方法；②虽然没有科学性的研究，但过去的治疗经验确定的有效药效；③宠物主人在经济上可以承受；④副作用低、不易产生耐药性的药剂；⑤正确使用药物剂量并给予充足的治疗时间。

（3）临床药物的选择

① 灰黄霉素：临床上已较少使用，一般不再作为常规的治疗药物使用。主要有以下几种包装规格：小型包装，口服剂量为25～60毫克/千克，每12～24小时1次，连用4～10周；超小型包装，口服剂量为2.5～15毫克/千克，每12～24小时1次，每天

分 2 次给药，在使用此种药物治疗时应配合脂肪餐，以增加药物的吸收；由于灰黄霉素剂量越高毒性越大，故而在使用时应特别谨慎；该药物最常见的不良反应是胃肠不适，且已发现该药物与猫的特异毒性（骨髓抑制）有关。同时，该药物还具有高度的致畸性及神经系统的不良反应。因此，若进行长期治疗或患畜为特异体质，则可能发生骨髓抑制（贫血、全血细胞减少和中性粒细胞减少）。为避免或减轻上述不良反应，给药时可适当减轻剂量或分多次给药。除此之外，用于猫时还可见中性粒细胞减少的致死性反应，且停药后可呈现持续性状态，因此，对于感染猫白血病病毒或猫免疫缺陷病毒的猫使用此药时可危及生命。

② 酮康唑：对于该药在临床上的真正治疗效果并无准确的验证。该药的用法用量为：口服剂量为 10 毫克/千克体重，每 24 小时喂服 1 次，或每 12 小时喂服 1 次，分 2 次完成；连用 4～8 周。最常见的不良反应为厌食和呕吐。

③ 伊曲康唑：类似于酮康唑，不良反应较少，且疗效更为显著，但价格较为昂贵。伊曲康唑胶囊在猫的口服剂量是 10 毫克/千克，每 24 小时 1 次，持续 4～8 周或直到痊愈；或采用 20 毫克/千克，每 48 小时 1 次。应用该药对于一些猫进行治疗时，先治疗 4 周后可改变用药方案，采用隔周给药的方式进行治疗，总治疗时间为 8～10 周，即用药 1 周后停药 1 周，然后继续用药的方式，此种用药方案在避免不良反应发生的同时还具有较好的疗效，且可显著减少治疗费用。由于伊曲康唑效果较好且不良反应较少，故已成为许多临床医生治疗幼猫（6 周龄猫）皮肤真菌病的最好选择。

6. 预防

皮肤癣菌病作为一种人畜共患性疾病，在日常生活中应以预防为主、治疗为辅。畜主应提高自我意识，在日常宠物饲养管理过程中了解以下相关知识：①许多短毛猫及部分猫在感染后在不接触感染源的条件下可自行恢复；②对于感染皮肤癣菌病的长毛动物，可适当地修剪动物毛发，以减少对于环境的污染；对于养殖很多动物的家庭或复发的病例，应及时告知主人存在预后不良的可能且费用较为昂贵，并对所有被感染的动物，包括无症状的携带者，都应该鉴定并治疗。接触过但未被感染的猫应进行预防性治疗，即在感染动物的整个治疗期间，对其外用抗真菌洗剂或洗浸剂；③畜主应认识到在治疗过程中对于周围环境的治理、污染物的处理很重要，尤其对于复发病例而言尤为重要；在对环境进行消毒处理时，可采用稀释的漂白剂，而浓漂白剂和福尔马林（1%）对于杀孢子更为有效。

　　此外，在畜主提高自我意识的同时，宠物医生在治疗过程中也应明确以下几点：①皮肤癣菌培养是检测治疗效果的唯一有效手段，许多动物临床上虽有所改善，但培养仍呈现阳性；②真菌的培养应始终贯穿治疗过程，直到至少有一次培养结果为阴性；③在耐药性的病例中，采样时应采用牙刷技术采集病料，每周进行重复培养；宜采取连续治疗，直到2～3次连续培养的结果均为阴性；④如果使用灰黄霉素治疗，每周或每两周要进行全血细胞计数，如果用酮康唑或伊曲康唑治疗则要定期评估肝脏酶的改变情况。

　　总之，对于猫皮肤癣菌病而言，除了采用积极的治疗方法外，加强对于患病动物的饲养管理尤为重要。对于治疗过程中的猫，居住环境的消毒是预防控制病程防止再感染的重要一环。从破碎和脱落的毛发/皮屑释放的皮肤癣菌分节孢子寿命很长，因此用吸尘器清除毛发，用家庭漂白剂对环境表面进行清洗、消毒都很重要。衣服和被褥应使用漂白剂彻底清洗或丢弃。最后，对于患病动物所居住的环境，要考虑是否存在啮齿动物，若存在则应对啮齿动物进行有效的灭杀。

二、足菌肿

足菌肿是由高等真菌感染引起的肉瘤样肿胀的皮肤病，其特点是含有颗粒状组织片的脓汁通过瘘管排出，可波及足、上肢或背部。

该病主要发生在热带和亚热带地区。致病菌通过足部或四肢裸露皮肤的局部伤口入侵，感染通过接触处的皮下扩散，引起肿胀，多有瘘管形成，常渗出由成簇的病原生物构成的特征性"颗粒"。根据病原体不同和显微镜下组织反应可分为化脓性和肉芽肿性两种类型。

1. 病原

引起该病的病原为腐生菌，广泛存在于土壤或植物中。这些真菌在组织内形成小菌落，通常产生色素，可用肉眼观察。真菌可分为子囊菌类和半知菌类。已报道在动物体中分离到的有膝状弯孢霉、波氏霉样真菌和长蠕孢霉，有时星状诺卡菌也能感染猫。即使所感染的菌种不同，但均呈现相同的病理学变化。真菌一般通过昆虫的刺伤、植物芒刺等引起的外伤发生感染。最终不仅在皮下，甚至筋膜和骨骼都受到侵害。

2. 症状

通常慢性肉芽肿出现于四肢的末端，患部不仅疼痛，而且发生肿大，这时很像脓肿。之后可通过瘘管挤出桃色的渗出物。当病情进一步发展后，渗出物变成血样并排出。当瘘管愈合变为纤维组织后，病变部位变硬，在瘘管周围形成血痂。最后肢体变得显著肿大，抗生素无效，骨发生骨膜炎。多数病例看似已治愈，但出现反复，预后不良。

3. 诊断

（1）真菌培养　用萨布罗琼脂培养基进行培养。经过数日，发生颜色变化，变成灰色、褐色和黑色。

（2）组织学检查　对由活体得到的组织切片进行 HE 染色，观察到特征性围绕真菌的多角形细胞和淋巴细胞浸润。在肉芽组织中出现纤维幼细胞和巨噬细胞。

4. 治疗

初期切除纤维组织块。一般多数抗真菌药效果不显著。磺胺类和某些其他抗菌药联合用药，可用于治疗诺卡菌感染。在这些足菌肿真菌感染中，某些病原体至少部分对两性霉素 B 或伊曲康唑或酮康唑有反应，但多数对现有抗真菌药有耐药性。大多数病例在抗真菌治疗后会复发，很多病例在治疗期间得不到改善或恶化，对其应进行外科清创术，或在无菌条件下实施断肢术。

三、隐球菌病

隐球菌病是由新型隐球菌感染人和各种动物引起的一种全身性真菌病，是人和动物共患的一种疾病，也称为串酵母菌病、酵母性肺炎和欧洲芽生菌病。其病原体为新生隐球菌，它是一种囊状酵母样菌，常侵害中枢神经系统，约占隐球菌感染的 80%，但也常感染其他器官，包括肺、皮肤、肾、肝，有时也侵入骨中。近年来由于艾滋病的出现和蔓延，隐球菌感染的发生呈明显上升的趋势，病情呈急性、亚急性或慢性经过。该菌在自然界分布非常广泛，特别是从鸽子的排泄物中分离率很高。可侵犯人体诸多组织和器官，引起严重的隐球菌病，死亡率高达 18%～37%。除人外，鸡、燕子、鹦鹉、马、牛、猪、猫、豹等动物中亦发现过。

1. 病原

新型隐球菌属不完全菌纲、假酵母目、隐球菌科、隐球菌属。隐球菌属包括 17 个种和 7 个变种，根据新生隐球菌多聚糖荚膜成分和生化方面的差异，人们将新生隐球菌分成 3 个变种。根据其荚膜抗原性的不同，新型隐球菌有 A、B、C 和 D 四个血清型。国内以 A 型居多，其次为 B 型和 D 型，未见 C 型。荚膜抗原能溶解在脑脊液、血清及尿中，可用特异性血清检测。

新生隐球菌在组织中呈圆形或椭圆形，直径为 4～6 微米，个别达 20 微米。革兰氏氏染色阳性，过碘酸希夫染色菌体呈红色，菌体为宽厚透明的荚膜，荚膜比菌体大 1～3 倍。新型隐球菌在沙氏琼脂生长缓慢，产生酵母样菌落。最初白色、皱纹或颗粒状，继续培养，呈典型湿润、黏稠、光滑、乳酪色至淡褐色菌落。该菌以芽生方式繁殖，不生成假菌丝，芽生孢子成熟后脱落成独立个体。

本菌在 37℃能很好地生长，40～42℃极敏感。其他非致病性隐球菌在 37℃不能生长。普通培养基生长良好，生长最适宜温度为 30℃。隐球菌荚膜的主要成分荚膜多糖是确定血清型特异性的抗原基础，并与其毒力、致病性及免疫性密切相关。

2. 流行特点

新生隐球菌是一种广泛存在于自然环境中的条件致病菌，可从水果、蔬菜、土壤、桉树花和各种鸟类排泄物中分离出，其中从鸽粪中分离出的新生隐球菌被认为是人类感染的最重要来源。鸽粪是新生隐球菌新生变种临床传染的重要来源，中性、干燥鸽粪易于本菌的生长，其他禽类如鸡、鹦鹉、云雀等的排泄物亦能分离出隐球菌。一般认为由呼吸道吸入为隐球菌主要的传播途径，引发肺部感染，进而累及其他部位。经消化道可能是另一种途径，由皮肤直接侵入也可能是一种途径。人群对隐球菌普遍易感，但有一定的自然免疫能力，很多健康人群可能感染但不导致疾病发生。通过血液循环将新生隐球菌散布至脑、骨骼和皮肤组织处。有 80% 病例中枢神经系统受损，可能为隐球菌从鼻腔沿嗅神经及淋巴管传至脑膜所致。正常人血清中存在可溶性抗隐球菌因子，而脑脊液中缺乏，故利于隐球菌生长繁殖。易感动物有犬、猫、猪、牛、马、猴、兔、鼠和禽类。

3. 临床特点和表现

动物隐球菌病的临床症状无特征性表现，以多种症状和亚临床感染多见。新生隐球菌可在多种哺乳动物宿主中引起感染。中枢神经系统征候和眼病变是隐球菌最常见的临床症状，主要表现为眼球震颤、轻瘫、截瘫、共济失调、癫痫发作和转圈。呼吸系统出现症状是患猫常见的临床症状。患猫打喷嚏、喷鼻，一侧鼻孔或两侧鼻孔有黏液脓性或出血性鼻漏，鼻梁肿胀、下颌淋巴结肿大。

（1）皮肤型 呈现溃疡性或肉芽肿样皮肤病变，或者可见脓肿和肿瘤样小结节。

（2）呼吸器官型 呈现打喷嚏、鼻性呼吸和流出黏液样鼻液，由于肉芽肿而出现单侧或双侧鼻孔阻塞、鼻旁窦炎和肺炎。此外，呈现下颌淋巴结和咽后淋巴结肿胀。

（3）眼型 可见眼前房出血和纤维蛋白沉着，呈现脉络膜网膜炎和视神经炎等的眼底异常。

（4）神经型 由于该菌具有神经亲和性的特性，因此出现神经系统机能障碍，可见痉挛、意识障碍、运动失调、后躯麻痹、瞳孔散大、视力和嗅觉丧失等。

4. 诊断

猫的主要表现与狂犬病症状相似。有的病例口腔出现溃疡。猫除上述症状外，还伴有慢性鼻窦炎和鼻炎，呈现呼吸困难。病猫体表多呈圆形脱毛，皮肤呈现丘疹、剥去结痂后呈现蜂窝状；严重者还表现跛行、后躯麻痹，有的发生眼炎。

（1）直接镜检　采取脑脊液、痰、脓、尿、粪、血、活体组织及尸体解剖材料等直接涂片，采用常规细胞染色可发现隐球菌，但极易误诊。墨汁染色，可见圆形厚壁孢子，菌体直径约 4～20 微米，外围有一透光的厚荚膜，厚度约 5～7 微米，荚膜内的菌体可出芽或不出芽，孢内有一较大的反光颗粒（脂质颗粒）和许多小颗粒，可与白细胞或淋巴细胞相鉴别。

（2）分离培养　真菌培养仍然是确诊的"金标准"，然而培养的阳性率并不高。在沙堡氏琼脂于 25℃ 或 37℃ 培养时，2～5 天即生长出乳白色细菌黏液性菌落，呈不规则圆形，表面有蜡样光泽，以后菌落增厚，颜色由乳白、奶油色转橘黄色；咖啡酸玉米琼脂和油菊籽培养基皆可产生褐色菌落；在多巴培养基上可出现肉眼可见的黑素。非致病性隐球菌在 37℃ 不生长。快速鉴定：①37℃生长；②尿素酶阳性；新生隐球菌能够产生尿素酶分解尿素，用沙保弱氏培养使培养基变为红色；③咖啡酸变棕色，咖啡酸试验阳性；④生化试验不发酵葡萄糖、麦芽糖、蔗糖、乳糖等。

（3）免疫学诊断方法　血和脑脊液标本隐球菌抗原检测能早期快速诊断，具有重要的临床价值。目前球菌血清学检测方法已作为临床常规的诊断方法，主要检测隐球菌的荚膜多糖特异性抗原。方法有乳胶凝集试验（包括 CoA）、ELISA 和单克隆抗体法，其中乳胶凝集试验最为常用。血清特异性抗隐球菌抗体检测包括放射免疫法和试管凝集试验，是对隐球菌的间接检测方法，对预后判断有一定的临床价值。

5. 防治

（1）局部注射或静脉注射两性霉素 B 很有效 其应用量为 0.3～0.5 毫克/千克（总量为 4 毫克），每周应用 3～4 次。应用的方法有用 10 毫升 5％葡萄糖溶液溶解后，用注射针快速注射，或用 100～150 毫升 5％葡萄糖液溶解后，经过 30 分钟以上缓慢点滴。一般提倡后一种方法。由于本制剂对肾具有很强的毒性，因此，每周至少对血清尿素氮检测 1 次，当增加至 40 毫克/100 毫升以上时，要暂时停止用药，并静脉注射乳酸林格氏液。

（2）应用 5-氟胞嘧啶（100～150 毫克/千克，每日分 3 份内服）虽然很有效，但是，由于本菌对该药容易产生耐药性，常常复发。

四、孢子丝菌症

孢子丝菌病是由申克孢子丝菌所引起的一种慢性肉芽肿性真菌病，可感染多种动物。该病多由外伤而感染，主要侵犯皮肤和皮下组织形成结节，继而发软、破溃，形成顽固性溃疡，偶有侵犯黏膜、肺、脑膜、骨骼、关节和其他脏器。本病多见于欧洲、北美洲和非洲。我国部分地区动物及人也有感染本病的报道。

1. 病原

本病于 1898 年由 Shenk 首先在美国发现，并分离出病原菌，1916 年刁德信在我国发现本病，但未做真菌培养。本菌在自然界为腐物寄生菌，广泛存在于柴草、芦苇、粮秸、花卉、苔藓、朽木、土壤、沼泽等处，于上述物品上均可分离出本菌。

申克孢子丝菌为侧孢子霉菌属双相型深部真菌，属真菌门、半真菌亚门、丝孢菌目、丝梗孢科。孢子丝菌可致人畜共患慢性感染性疾病。在被感染的机体内和 37℃培养时，生长成酵母样形态，

30℃以下培养时则长成丝状真菌，并形成分生孢子。病灶脓汁中的酵母样细胞为圆形或椭圆形，直径 2～5 微米，部分呈雪茄烟形。革兰氏氏阳性，以芽生方式繁殖。

2. 流行特点

本病遍布于世界各地，可呈地方性流行。犬、猫、兔、鼠、猴、驴、马、鸡、蝙蝠等均可感染本菌而发病。我国大部分地区均有本病，已先后报道上千例。申克氏孢子丝菌在自然界广泛分布，尤其是潮湿和温暖的地区。高温和湿度大的地区发病率较高。

马是本菌的自然宿主。患本病的人和动物是本病的传染源。此外，有从蚊、蝇、黄蜂、蚂蚁的体内分离到本菌的报道。皮肤受损后，接触被孢子丝菌污染的杂草、腐殖质和土壤时而感染。猫对本病易感，发病与性别和年龄无关。其他家畜、家禽及野生动物均可感染发病。

3. 临床特点和表现

孢子丝菌是腐生寄生菌，当皮肤或黏膜有破损时，被土壤、腐殖质等表面的病菌侵入，经过 2～3 周的潜伏期，局部首先出现炎症性丘疹结节或脓疱，称为本病的"初疮"。此后局部出现由多种细胞组成的肉芽肿，慢慢形成固定型或淋巴管型皮肤溃疡。当患者免疫力低下时，病原菌进入血液循环，可引发播散性或系统性孢子丝菌病。

根据病情发生发展的不同情况，本病在临床表现上可分为皮肤型和系统型。

（1）皮肤型

① 固定型。损害固定于损伤部位而不沿淋巴管向外传播，约占皮肤型的 30%。病菌侵入皮肤，经过潜伏期，局部出现小结节，

逐渐形成小脓疡或溃疡。后逐渐扩大，形成炎性结节、斑块，可伴有糜烂、结痂及溃疡等，直径一般约 1～3 厘米。以上损害多无特异性，不易确诊，病期往往较长。

② 淋巴管型。最常见，约占皮肤型的 70%。可分为两种，一种见于肢端，损害由远端感染病灶沿淋巴管向近端作带形传播，形成典型的带状损害，容易诊断；另一种见于肢端以外的其他部位，由于淋巴管分布不同，因而损害不一定呈带状。原发性损害（初疮）多为坚实、无弹性、可移动、无压痛的结节或肉芽肿，开始常见于右手指或右手背，但不一定有外伤史。约经 2～3 周后，继发性损害常自"初疮"处沿淋巴管成串地先后出现，呈带形分布，有时还可向淋巴管分支即淋巴管两侧分布。从数个至数十个不等，常为蚕豆大小的肉芽肿、结节、脓肿或溃疡。肉芽肿或结节呈皮肤色或微红，日久结节变软，形成脓肿，破溃后出现溃疡。

③ 血源型。本型罕见，约占皮肤型的 1%，乃病原菌通过血循环播散所致。首先表现为散布全身较多、较大的皮下硬结节，以后变成脓肿，切开或破溃后，往往成为持久排脓的慢性溃疡。病原菌侵犯溃疡附近的皮肤，可形成新的病灶。也可侵犯黏膜。此型虽不侵及内脏，但全身症状严重，患病动物往往呈急性发作，如不及时治疗，数月、数周后可死于恶病质。

（2）系统型　又可分为无症状肺孢子丝菌病、单灶的系统性孢子丝菌病及多灶的系统性孢子丝菌病 3 种。系统型中，国外以侵犯骨骼系统者较为多见，包括腕骨、桡骨、尺骨、股骨、跖骨和肋骨，可引起骨膜炎、骨髓炎、关节的滑膜炎，软骨可被破坏，但较少见。侵犯内脏的比侵犯骨骼系统的要少得多，常见于糖尿病、肉样瘤及长期用肾上腺皮质激素治疗的患病动物，侵犯肺和脑膜的病例已有报道。据国外报道尚可侵犯肝、脾、肾、甲状腺、睾丸、附睾等而引起相应的症状与体征。

4. 诊断

主要根据病史中有无外伤史作初步诊断。工作中有土壤、木材、植物、仙人掌等接触史。临床表现有典型皮损,加上实验室检查和病理检查进行综合性诊断。临床检查中必须注意以下几个方面:当加入维生素 B 族时,可促使色素的产生。无色素的孢子丝菌须与念珠菌鉴别。根据孢子丝菌为双相菌,菌落形态、颜色,镜下梅花形排列的梨状小分生孢子,不难鉴别。组织病理有特异性,典型的可见雪茄状小体及星状体。

(1)实验室诊断要点 取病灶组织液、脓汁或坏死组织涂片,革兰氏氏染色或 PAS 染色,高倍镜下可见革兰氏氏阳性或 PAS 阳性的卵圆形或梭形小体;真菌培养可见初为乳白色酵母样菌落,后成为咖啡色丝状菌落。

①标本采集:自皮肤损害黑点及未破溃的结节中采集脓液或血液,也可取痰、血、骨髓、脑脊液或皮肤活组织、内脏组织。②直接检查时,孢子极易和其他结构混淆,尤其孢子数量很少时,常难以辨认。因此应做培养才能确诊。③沙氏琼脂培养基中,37℃ 和 25℃ 菌落形态相同,但部分固定型孢子丝菌皮损中的菌株在 37℃ 时不能生长,最好分别放于 2 个温箱中加以培养。④当培养基加入青霉素时,可以刺激孢子丝菌生长。

(2)病原学检查

① 直接镜检 取痰液、脓液或活检组织直接涂片,作革兰氏染色或 PAS 染色,在多核细胞内或大单核细胞内或细胞周围,可见有革兰氏染色阳性、圆形或梭形,直径 2~5 微米小孢子。偶见菌丝及星形体。

② 细菌培养 a. 葡萄糖蛋白胨琼脂培养基上,室温下即有菌体生长。6 天后菌落直径 0.5 厘米大小,呈灰褐色膜状菌落,微高

于培养面。10天后菌落直径达1.5~2.0厘米。表面分3带，边缘为膜状白色晕，中带为暗褐色，中央隆起，有皱褶，高低不平，间有少数成刺状菌丝。2周的菌落呈黑褐色，边缘有下沉现象。取材检查时，菌落黏性很大，不易取出。镜检可见直径2微米的细长分隔菌丝。分生孢子柄从菌丝两侧长出，与菌丝成直角，在顶端有3~5群梨形小分生孢子，约（2~4）微米×（2~6）微米大小，排列成梅花样。b. 胱氨酸葡萄糖血琼脂或脑心浸液葡萄糖血琼脂基上，37℃培养，呈白色菌落，镜检为圆形或梭形孢子，有时出芽，革兰氏染色阳性。c. 电镜检查显示圆形或卵圆形小孢子和细长分隔菌丝孢子，电子密度高，呈辐射形状，中心暗，外套附于细胞壁外侧。菌体细胞壁为中等电子密度，胞质呈微细颗粒状，内有线粒体、内质网和空泡。出芽方式为内分芽型，双相性移行时菌丝机械性断裂为菌丝断片，分生孢子形成上具有多形性。菌丝相中，可见假轴状分生孢子柄，并形成多个顶生分生孢子。

（3）免疫学检查

① 皮肤试验 皮内注射0.1毫升1∶1000菌苗，24~48小时出现结节为阳性；

② 血清学检查 血清沉淀素及凝集素阳性（滴度增高），补体结合试验阳性。

5. 治疗

（1）碘化物 5%~10%碘化钾3克/天，可逐渐增加到6~8克/天，损害消失可继服2~4周，一般疗程2~3个月。或碘化钾饱和液10滴/次，3次/天，可逐渐增加到40滴，3次/天，一般1周见效，1~2个月可治愈。口服碘化钾有消化不良或恶心、呕吐、胃纳不佳等胃肠道反应时，可用碘化钠1克/天静脉推注。如患者有肺结核，碘化钾不宜应用。

宠物患有此病时，猫 20 毫克/千克体重，配成 20% 的溶液口服，每日 1 次，连用 3~4 周，以防复发。用药后如出现呕吐、厌食、颤抖、体温下降和心血管异常等碘敏感症时，应停止用药，等恢复后再试用或减剂量治疗。

（2）灰黄霉素　效果较差，一般不用。对碘过敏者可考虑，0.8 克/天，持续 1~3 个月。

（3）氟胞嘧啶　按 100~200 毫克/千克体重，直至痊愈。

（4）外用药　2% 碘化钾或 0.2% 碘溶液可外用。温热疗法：45℃ 电热器局部加温，3 次/天，每次 60 分钟，对孤立损害有效。

6. 预防

本菌为腐物寄生，应清除或焚烧腐烂的柴草、芦苇、苔藓、腐殖土等以控制和清除传染源。小动物可将其处死，焚烧或深埋。真菌实验室应当严格管理，经常消毒、灭菌。

五、曲霉病

曲霉菌病是由曲霉菌属真菌所引起的一种人兽共患的真菌病。本病主要侵害呼吸器官，以呼吸器官组织中发生炎症并形成肉芽肿结节为特征。临床上幼禽常呈急性暴发，发病率和病死率较高，成年禽、哺乳动物则呈散发。曲霉菌可引起人的肺部疾病，亦可侵害皮肤、黏膜、眼、鼻、鼻窦、外耳道、支气管、胃肠道、神经系统或骨骼，严重病例可导致败血症。

1. 病原

曲霉菌是丝孢目、丛梗孢科、曲霉菌属的真菌。常见的致病性曲霉菌主要有烟曲霉、黄曲霉、寄生曲霉、构巢曲霉、黑曲霉以及土曲霉，而以烟曲霉最为多见。

曲霉菌的营养菌丝体由具横隔的分支菌丝构成，分生孢子梗生长在足细胞上，不分支、光滑、粗糙或有麻点。梗的顶端膨大形成棍棒形、椭圆形、半球形或球形的顶囊，顶囊上长着许多小梗，小梗单层或双层，双层时下面一层为梗基，每个梗基上再着生两个或几个小梗，小梗上着生分生孢子，分生孢子呈串珠状，在孢子柄顶部囊上呈放射状排列。小梗以及分生孢子链构成一个头状体的结构，称为分生孢子头。分生孢子头有各种不同颜色和形状，如球形、放射形、棍棒形或直柱形等。

曲霉菌广泛存在于自然界的土壤、空气、饲料及动物的体表和黏膜表面，在室温及 37～40℃ 均能生长，因而易于分离培养。常用的培养基有沙氏琼脂培养基、马铃薯葡萄糖琼脂及察氏琼脂等。

烟曲霉的繁殖菌丝呈圆柱状，色泽由绿色、暗绿色至熏烟色，在沙保弱氏葡萄糖琼脂培养基上生长迅速，菌落最初为白色致密绒毛状，随着培养时间的延长，其菌落中心逐渐变为蓝绿色、灰绿色、黑蓝色以至黑色，而菌落边缘为白色。

黄曲霉菌落生长较快，结构疏松，初为白色，随着分生孢子的出现，转变为黄绿色，再变为黄色，菌落表面粗糙，背面无色或略呈褐色。黄曲霉顶囊近圆形，分生孢子头呈放射状。

寄生曲霉在琼脂培养基上生长缓慢，其菌落平坦或带放射状沟纹，初期带有黄色，后变为暗绿色，背面奶油色或淡褐色。分生孢子梗单生，不分枝。顶囊近球形或烧瓶状或棒状，小梗单层，排列紧密。

构巢曲霉菌落生长快，圆形，初为白色绒毛状，培养 48 小时后菌落中央为暗绿色，外周为白色绒毛状。当产生大量闭囊壳时呈黄褐色，背面紫红色。菌丝分隔，分生孢子梗较短、弯曲。分生孢子头短柱形。顶囊半球形。

黑曲霉菌落蔓延迅速，初为白色绒毛状，后变为鲜黄色直至黑丝厚绒状，背面无色或中央略带黄褐色。分生孢子梗长短不一。分生孢子头呈球状，褐黑色。顶囊呈球形，其上覆盖一层梗基和一层小梗。

土曲霉菌落为淡褐色或褐色，顶囊呈半球形，上有双层小梗，球形孢子呈链状排列，较小但表面平滑。

曲霉菌对干燥、阳光、紫外线及一般消毒剂有较强的抵抗力。其孢子的抵抗力很强，120℃干热1小时或在100℃沸水中经5分钟才能杀死。一般消毒剂只能使孢子致弱。对一般抗生素不敏感，碘化钾、灰黄霉素、制霉菌素、两性霉素B、克霉唑、酮康唑及伊曲康唑等有抑制作用。

2. 流行特点

曲霉菌的广泛分布于自然界，常存在于土壤、饲料、垫草、发霉的谷物以及动物的尸体中等。其孢子可经空气散播到很远的地方，遇到适宜的环境便可萌芽生长繁殖。动物常因将孢子吸入气管而感染。本病主要经呼吸道感染，也可通过消化道和皮肤伤口感染。在污染严重的孵化室内，曲霉菌的孢子可穿过蛋壳侵入蛋内感染鸡胚。本病不发生接触性传播，既不能由动物传染给人和动物，也不能由人传染给动物和人。多种动物对曲霉菌具易感性，其中禽类易感性更高，尤以幼禽最为易感，特别是20日龄内的雏鸡往往呈流行性发生，成年禽仅为散发。哺乳动物犬、猫以及人也可感染，但较为少见。实验动物中兔、豚鼠和小鼠均可感染。

本病呈世界性分布。环境阴暗、潮湿、卫生条件不良、长期使用抗生素及各种应激因素均可促使本病发生。

3. 临床特点和表现

哺乳动物感染时常呈慢性经过，多表现为咳嗽、喷嚏、鼻腔中流出黏液性或脓性鼻汁及长期生长发育不良等症状。严重的病例，由于曲霉菌侵入脑及中枢神经而表现出神经症状。若肠道感染，则表现腹泻症状。

4. 诊断

（1）动物曲霉菌病的临床诊断要点　根据 1 周龄雏禽急性暴发、成年禽及哺乳动物多为散发的流行特点，发病动物多表现为咳嗽、喷嚏等呼吸道症状和长期生长发育不良，肺及禽类的气囊的特征性病变可作出初步诊断。

（2）实验室诊断要点　曲霉菌病的实验诊断方法包括镜检、培养，组织病理学、影像学、血清学和分子生物学检查。畜、禽一般采取病灶的霉菌结节或霉菌斑，置于载玻片上，滴加 20% 的氢氧化钾溶液 1~2 滴，混匀后加盖玻片进行镜检，见到特征性的菌丝体和孢子，即可确诊。人的曲霉菌病可采取痰、尿、粪或受损局部组织等进行检查，或淋巴结活检，结合临床表现综合作出判定。在临床研究中，巢式 PCR 的灵敏度和特异度分别为 100% 和 83.3%，是一种敏感的诊断方法，可用于侵袭性曲霉菌感染的早期诊断。血清学诊断快速简便，是一种良好的辅助诊断方法。将这两种方法与上述其他方法结合起来可进一步提高诊断的准确性。或者将病料接种于沙堡弱氏培养基，进行病原的分离培养和鉴定。

5. 防治措施

（1）预防　畜禽曲霉菌病的主要预防措施是加强饲养管理，防止垫料和垫草发霉变质，使用清洁、干燥的垫草及垫料和无霉菌污染的饲料，阴雨季节应经常翻晒垫料及垫草。畜禽圈舍应注意通风换气，保持舍内干燥，清洁并定期消毒。育雏室在引入雏禽前彻底清扫、换土，并用 0.4% 过氧乙酸、5% 来苏儿喷雾或福尔马林熏蒸消毒。已污染的垫草及垫料可用福尔马林熏蒸消毒或清除。

（2）治疗　制霉菌素、两性霉素 B 及克霉唑均可用于本病的治疗。病禽亦可试用碘化钾或硫酸铜治疗。如每升饮水中加碘化钾 5～10 克口服，具有一定疗效。或 1：2000 的硫酸铜溶液代替饮水，连用 3～5 天，有一定疗效。

六、芽生菌病

芽生菌病也称北美芽生菌病、皮炎芽生菌病，是由吸入皮炎芽生菌引起的全身性深部真菌感染性疾病。以皮肤、肺部、胃和骨骼等的慢性肉芽肿性和化脓性病变为特征。通常是吸入皮炎芽生菌后首先在肺部感染，然后从肺部扩散到淋巴系统、眼睛、皮肤、骨骼等其他器官引起全身系统性真菌感染。该菌可感染人、犬、猫、马、狮子等。该病呈世界性分布，尤其以北美为多。

1. 病原

皮炎芽生菌为双相型真菌，属半知菌亚门、芽生菌纲、隐球酵母科真菌，多数认为可能是一种土壤、木材等的环境腐生菌。

皮炎芽生菌在土壤内或在沙氏葡萄糖琼脂培养基上室温培养时，菌落生长缓慢，开始为酵母样薄膜生长，然后长出白色绒毛状菌丝，显微镜检为直径 1～2 微米的白色至黄褐色菌丝，从菌丝两侧或从长短不一的单根分生孢子梗末梢长出直径约为 2～10 微米的圆形或椭圆形分生孢子。在感染病灶或脑心浸膏培养基上 37℃ 培养时形成厚壁酵母样菌。菌落为酵母样，奶油色或棕色，表面皱褶微隆起，具有双层轮廓，显微镜检可见直径 5～20 微米的球形厚壁孢子，具有折光性。本菌采用无性繁殖的方式增殖，即成熟的酵母细胞先长出小芽，芽细胞成熟后脱离母细胞，再出芽形成新的个体。

2. 流行特点

自然条件下，皮炎芽生菌可能是土壤、木材的腐生菌，但由于该菌在环境中生长需要沙酸性土壤和适当的水分，从环境中极少分离到该菌，因此确切来源仍不清楚。皮炎芽生菌可寄生于土壤、潮湿和含有机物的物质上，尤其能生长于富含畜禽排泄物和潮湿、腐败酸性有机物的泥土中。含污染皮炎芽生菌的土壤、空气和环境是主要的传染源。

通常芽生菌病是通过吸入或者食入皮炎芽生菌孢子而引起发病，这种孢子在肺部可转化成酵母菌而致病，可经血流传播至皮肤或其他局部组织，偶尔也可经伤口感染。个别情况下，接触发病者后也可发生感染，可在人和犬之间相互传播。

该菌可感染人、犬、猫、马、狮子等，犬最常见，特别是生活在潮湿地带的大型户外活动犬更易感，幼犬发病较多，猫较少发生，公犬比母犬发病率高，纯种犬、猫比杂种犬发病率高，犬的发病率是人的 10 倍。

通常在本病的流行区呈散发。偶尔也有报道该病在人和犬发生暴发。本病的发生与动物的体况、抵抗力、应激因素有关。本病潜伏期短至数日或数月，长的数年，多数呈慢性经过。

1894 年，Gilchrist 在美国首次报道了皮炎芽生菌病，随后在多国有报道。本病具有明显的地区分布，主要流行于北美洲的部分地区，非洲也有不少报告，南美洲、欧洲和亚洲少见。任何年龄都可发病，以 20～50 岁最多，男性多见。在免疫受损的病人中，该病的发病率和严重性似乎有所增加，但其机会性感染不如组织胞浆菌病或球孢子菌病。在我国，1989 年吴绍熙等曾发现一例留美华裔患皮肤型感染；1999 年郭润身等曾报告此病，为本土感染。

3. 临床特点和表现

皮炎芽生菌通常从呼吸道侵入机体，在肺部可转化成酵母菌而致病，也可能传播到全身，影响多个器官组织，最常见的是淋巴系统、骨骼、中枢神经系统、眼睛和皮肤等。病例通常表现为厌食、体重减轻、感冒、呼吸困难、眼病、关节受损、皮肤损伤等，约40%的猫发热达 39.4℃ 以上。

通常根据猫临床症状的不同可将本病分为全身型和皮肤型两种。全身型主要表现为肺脏的疾病，病畜精神沉郁、发热、厌食、消瘦及咳嗽。皮肤型芽生菌病表现为单发性或多发性皮肤肉芽肿，最后则在肉芽肿中心液化坏死和发生溃疡。皮肤损伤部位多位于面部、爪面、鼻面等。

4. 诊断

对来自流行区的患者，尤其是用抗结核治疗无效者，要结合真菌检查和肺部检查等帮助确诊。对慢性皮肤肉芽肿病例，可结合病理及真菌检查帮助确诊。也可通过血清学方法如免疫扩散实验、ELISA 方法等确诊。

（1）真菌学检查

① 直接镜检。取痰、脓液、骨髓、血、脑脊液、胸腔积液、尿、活检或尸体组织标本进行直接检查。以 10% KOH 涂片可见圆形、双壁、直径 8～18 微米的单芽孢子，芽颈较粗，孢子呈圆形。盐水涂片可见长出单芽的孢子，但应与新生隐球菌、副球孢子菌、杜波组织胞浆菌等相鉴别。

② 真菌培养。在沙堡琼脂上室温培养，开始为酵母样薄膜生长，随后在中央出现细刺丝样菌丝，逐渐增多，形成中心环。日久乳白色菌丝覆盖整个斜面，背面呈淡棕色，镜检可见许多圆形或梨形、直径 4～5 微米的小分生孢子，直接从菌丝或分生孢子柄上长

出。如转种到血琼脂上，封口、37℃时可变为酵母样菌落。双相型真菌在37℃培养时，新生隐球菌、副球孢子菌和杜波组织胞浆菌与本菌的最大区别是酵母细胞出芽，芽颈均较本菌细。

（2）组织学　观察到结节至弥散的脓性肉芽肿炎症，有具粗大的双层厚壁、基部宽大的芽生菌酵母细胞。

（3）X线透视　肺皮炎芽生菌病通过X线透视可见肺门淋巴结肿大或原发性肺结核样改变，出现有直径小于1厘米的空洞。骨骼型皮炎芽生菌病通过X线观察呈骨质破坏及增生。

（4）血清学方法　可通过免疫扩散实验、乳胶凝集试验、免疫荧光试验或ELISA检测感染动物血清或尿液中的皮炎芽生菌抗原或血清中的皮炎芽生菌抗体而得到确诊。

5. 防治措施

（1）预防　应加强平时的饲养管理和卫生防疫工作，环境、场地（特别是泥土、粪便）等要经常消毒，病死动物尸体不能土埋，必须焚烧，以防止其污染土壤。限制犬和猫在水边运动及远离其他感染动物，有助于该病的预防。

（2）治疗　对表现芽生菌病症状的犬、猫应给予治疗。治疗时可用两性霉素B，使用剂量为0.5毫克/千克体重，两性霉素B溶于5％葡萄糖溶液，静脉注射，如未有反应，于第二次可增加至1毫克/千克体重，隔日1次。但累计剂量不得超过8毫克/千克体重，两性霉素B与利福平联用效果更佳，也可用酮康唑或伊曲康唑治疗。药物治疗后约20％的病例会复发，复发可能与初期肺部症状的严重程度有关。一般预期良好，但视力受损后通常很难恢复。

七、念珠菌病

念珠菌病是由念珠菌属的真菌，尤其是白色念珠菌引起的一种人和动物共患的真菌病。动物以腹泻为主要特征。

1. 病原

本病的病原菌有白色念珠菌、热带念珠菌、克柔氏念珠菌、假热带念珠菌、光滑念珠菌、近平滑念珠菌、星状念珠菌、皱褶念珠菌、高里念珠菌、都柏林念珠菌等，而以白色念珠菌致病力最强，也是念珠菌病常见的病原菌。

白色念珠菌又称白色假丝酵母菌，属于无性型真菌类的念珠菌属。该菌分为 A、B 两个血清型。多数医源性和播散性念珠菌病是由栖息于宿主口腔和胃肠道的 A 型菌引起，而严重免疫障碍患者念珠菌病菌血症以 B 血清型为主。

白色念珠菌为革兰氏阳性双相菌。酵母相菌体呈圆形或椭圆形，大小 2 微米×4 微米，主要以芽生方式繁殖。芽生孢子伸长成假菌丝，在特殊环境中可形成菌丝。本菌需氧，在病变组织和普通培养基上产生芽生孢子和假菌丝，不形成有性孢子。芽生孢子为传播形式，不引起临床症状，产生菌丝的芽生孢子通常为组织入侵形式。在普通琼脂、血琼脂与沙堡弱氏培养基上均可良好生长。室温或 37℃培养 1～3 天可长出灰白色或奶油色、柔软、光滑、湿润的菌落，菌落有浓厚的酵母气味，镜检以酵母相菌体为主。培养稍久，菌落增大，有大量向下生长的营养假菌丝，无向上生长的气中菌丝。白色念珠菌在玉米粉培养基上可形成大量假菌丝，其顶端或侧缘形成典型的单个厚膜孢子，直径 8～10 微米。

念珠菌对干燥、日光、紫外线及一般消毒剂的抵抗力较强。但不耐热，60℃ 1 小时菌丝与孢子均被杀死。对常用于抗细菌感染的抗生素均不敏感。对制霉菌素、两性霉素 B、克霉唑、5-氟胞嘧啶等药物敏感，但对克霉唑极易产生耐药性。

2. 流行特点

念珠菌广泛存在于自然界中，是一种典型的条件致病菌。正常人和动物的皮肤、口腔、胃肠道、肛门和阴道黏膜上均可分离到本菌，消化道和阴道黏膜以白色念珠菌为主，其他念珠菌多见于皮肤。本菌也可寄生于水果、乳制品等食品上。本病大多数病例因内源传染而引起，当机体营养不良、缺乏维生素、饲料成分配合不当、长期使用广谱抗生素或皮质类固醇，或有其他疾病而使机体抵抗力降低时，存在于体表及体内的念珠菌均可发生感染进而发病。本病也可因与污染物或发病动物的接触而导致感染。牛、绵羊、猪、犬、猫等家畜和多种野生动物以及豚鼠、小鼠等啮齿类动物和较低等的灵长类动物均可感染念珠菌病。

念珠菌病一般呈散发性，禽类一旦暴发该病，即可造成巨大损失。

3. 临床特点和表现

病菌可侵害消化道、内部器官、皮肤和机体其他部位，但以侵害消化道为主。

4. 诊断

（1）临床诊断要点　根据受损局部黏膜表面的特征性增生和溃疡性病灶以及覆盖的伪膜，结合相应的临床症状可作出初步诊断。确诊本病应进行实验室检查。

（2）实验室诊断要点

① 镜检法：取病变部的棉拭子或刮屑、痰液、渗出物等涂片，革兰氏染色后镜检，见革兰氏阳性、有芽生酵母样细胞和假菌丝，可以确诊。

② 培养法：将病料接种在沙保弱氏培养基上，置室温或 37℃

培养，然后检查典型菌落中的细胞和芽生假菌丝。白色念珠菌可在玉米培养基上产生厚膜孢子。

③ 动物接种：将病料制成1%悬液给家兔静脉注射1毫升，经4～5天死亡，剖检见肾脏肿大，在肾皮质部散布有许多小脓肿灶。

④ 血清学检查：免疫扩散试验、乳胶凝集试验和间接荧光抗体试验对本病也有一定的诊断价值。

5. 防治

（1）预防　加强饲养管理，改善卫生条件，圈舍通风换气，保持清洁干燥，防止拥挤潮湿，定期进行消毒，合理搭配饲料。在更换饲料时，要逐渐改变，并使饲料中含有丰富的维生素。在仔猪早期断奶或长时间口服抗生素时，也应注意补给足够的维生素。

（2）治疗　一般动物没有治疗意义。珍贵动物可于饲料中添加制霉菌素50～100毫克/千克，连续饲喂1～3周，也可用两性霉素B及克霉唑等控制真菌的药物。个体治疗可将伪膜刮去，涂以碘甘油。病禽嗉囊中可灌注2%硼酸水数毫升，并饮以0.5%硫酸铜溶液。

参考文献

[1] GARY D Norsworthy，SH ARON F·OOSHEE GRACE，MITCHELL A CRYS-TAL，et al. 赵兴绪主译．猫病学．四版．北京：中国农业出版社，2015

[2] Rhea V. Morgan 主编，施振声主译．小动物临床手册．四版．北京：中国农业出版社，2004

[3] 安铁洙，谭建华，张乃生．猫病学．北京：中国农业出版社，2010

[4] 陈溥言．兽医传染病学．六版．北京：中国农业出版社，2015

[5] 《宠物医生手册》编写委员会编．宠物医生手册．二版．沈阳：辽宁科学技术出版社，2009

[6] 陈玉库，孙维平．小动物疾病防治．北京：中国农业大学出版社，2010

[7] 陈玉库，周新民．犬猫内科病．北京：中国农业出版社，2005

[8] 崔中林．实用犬猫疾病防治与急救大全．北京：中国农业出版社，2001

[9] 董军，金艺鹏，张健．宠物疾病诊疗与处方手册．北京：化学工业出版社，2007

[10] 董军，孙艳争，陈艳红．宠物疾病诊疗与处方手册．二版．北京：化学工业出版社，2012

[11] 高得仪．宠物犬猫的保健．北京：中国农业出版社，1999

[12] 韩博．犬猫疾病学．北京：中国农业大学出版社，2011

[13] 贺宋文，何德肆．宠物疾病诊疗技术．重庆：重庆大学出版社，2008

[14] 何英，叶俊华．宠物医生手册．沈阳：辽宁科学技术出版社，2003

[15] 侯加法．小动物疾病学．北京：中国农业出版社，2002

[16] 胡延春．犬猫疾病类症鉴别诊疗彩色图谱．北京：中国农业出版社，2010

[17] 李志．宠物疾病诊治．北京：中国农业出版社出版，2006

[18] 林政毅．猫博士的猫病学．北京：中国农业大学出版社，2015

[19] 刘万平．小动物疾病诊治．北京：化学工业出版社，2009

[20] 陆承平．兽医微生物学．五版．北京：中国农业出版社，2012

[21] 欧阳龙，刘伯臣．宠物治疗技术．北京：中国农业科学技术出版社，2008

[22] 史利军.犬猫常见病特征与防控知识集要.北京:中国农业科学技术出版社,2015

[23] 史利军,刘锴.宠物源人兽共患病.北京:中国农业科学技术出版社,2011

[24] 史利军,袁维峰,贾红.犬猫寄生虫病.北京:化学工业出版社,2013

[25] 史利军,崔尚金.猫感染性疾病防控技术.北京:中国农业科学技术出版社,2018

[26] 胥洪灿.犬猫疾病诊疗学.重庆:西南大学出版社,2006

[27] 张玉换,王福传,韩一超.猫病.北京:中国农业出版社,2009

[28] 张振兴,薛延伍.实用猫病防治技术.北京:中国人口出版社,1994

[29] 周桂兰,高得仪.犬猫疾病实验室检验与诊断.北京:中国农业出版社,2015

[30] 周庆国.犬猫疾病诊治彩色图谱.北京:中国农业出版社,2005

[31] 曹连生,聂林刚.犬猫等宠物难产原因及治疗.养殖与饲料,2011 (1):38-39

[32] 冯岗强.猫难产病因剖析及预防措施.动物医学进展,2002,23 (3):118

[33] 高仙.犬猫子宫内膜炎的诊断和病原的分离鉴定.华中农业大学硕士学位论文,2009

[34] 王冰,孙跃进.猫难产的病因探析及诊断方法.农技服务,2012,29 (11):1254